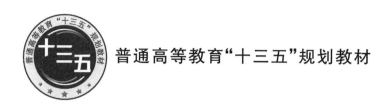

普通高等教育"十三五"规划教材

"互联网＋"计算机应用基础实验教程
——Windows 7＋Office 2010

主　审　李仲麟　邓春晖

主　编　郑馥丹

副主编　（按姓氏笔画为序）

王素丽　付春英　李慧芬　张伟娜

U0304081

北京邮电大学出版社
www.buptpress.com

内 容 简 介

本书是《"互联网＋"计算机应用基础教程——Windows 7＋Office 2010》一书的配套实验教程,结合全国计算机等级考试(一级)最新大纲(Windows 7＋Office 2010)要求,由多年从事大学计算机应用基础一线教学、具有丰富教学经验和实践经验的教师编写。

本书着重强调实践环节的教学,根据实践应用安排实验内容,注重培养学生的实际操作能力。本书对Windows 7 操作系统、Word 2010 文字处理、Excel 2010 电子表格、PowerPoint 2010 演示文稿和计算机网络及应用五个部分进行了实验设计,旨在让读者在掌握理论知识的同时,熟练掌握各种操作。

本书取材注重结合实际应用,操作讲解详细,可作为普通高等院校计算机应用基础课程的上机实验教材,也可用于计算机培训课程,还可作为自学及初学者的上机指导书。

图书在版编目(CIP)数据

"互联网＋"计算机应用基础实验教程 ：Windows 7＋Office 2010 / 郑馥丹主编. -- 北京：北京邮电大学出版社,2017.8

ISBN 978-7-5635-5114-9

Ⅰ．①互… Ⅱ．①郑… Ⅲ．①Windows 操作系统—高等学校—教学参考资料②办公自动化—应用软件—高等学校—教学参考资料 Ⅳ．①TP316.7②TP317.1

中国版本图书馆 CIP 数据核字(2017)第 110376 号

书　　　名："互联网＋"计算机应用基础实验教程——Windows 7＋Office 2010
著作责任者：郑馥丹　主编
责 任 编 辑：彭　楠
出 版 发 行：北京邮电大学出版社
社　　　址：北京市海淀区西土城路 10 号(邮编：100876)
发 行 部：电话：010-62282185　传真：010-62283578
E-mail：publish@bupt.edu.cn
经　　　销：各地新华书店
印　　　刷：北京玺诚印务有限公司
开　　　本：787 mm×1 092 mm　1/16
印　　　张：11.75
字　　　数：302 千字
版　　　次：2017 年 8 月第 1 版　2017 年 8 月第 1 次印刷

ISBN 978-7-5635-5114-9　　　　　　　　　　　　　　　　　　　定价：26.00 元

前　言

本书原型为《计算机文化基础实训教程》，2009 年 8 月出版，得到了广大读者的好评和赞誉。在华南理工大学广州学院李仲麟教授、邓春晖副教授等人的建议和支持下，编者在原有基础上，结合全国计算机等级考试（一级）最新大纲（Windows 7＋Office 2010）的要求和高等院校计算机公共基础课的培养目标和基本要求，进行了补充和修订工作，于 2014 年 7 月出版了《计算机应用基础实验教程——Windows 7＋Office 2010》。考虑到训练的需要，本书在原有内容上，增加了 Word、Excel、PowerPoint 三个大案例，以帮助读者全面检验这三大块内容的掌握程度。同时，本书也是广东省精品教材建设项目的建设成果。

本书针对高等院校、高职高专院校非计算机专业的计算机公共基础教育，是专门为在校大学生及希望通过自学掌握计算机基本操作技能的学员编写的。本书由长期从事计算机应用基础一线教学、有丰富教学经验和实践经验的教师编写。

本书将知识和实例紧密结合，实验所需的素材、文本均取材于实际生活，所选实例具有代表性。通过对各实例的详细讲解，使学生在实际制作过程中体会到各种 Office 组件每项功能的使用方法，最终使学生能够独立做出各种实例效果。本书共分五章，包括 Windows 7 操作系统、Word 2010 文字处理、Excel 2010 电子表格、PowerPoint 2010 演示文稿和计算机网络及应用。内容循序渐进，由浅入深，可操作性强，可供学生及办公人员、计算机初学者和爱好者使用。

本书由郑馥丹主编并对全书进行统稿，由李仲麟、邓春晖主审。全书主要分工如下：第 1 章由付春英编写，第 2 章由郑馥丹编写，第 3 章由张伟娜编写，第 4 章由王素丽编写，第 5 章由李慧芬编写。

选用本书的教师可登录北京邮电大学出版社网站（http://www.buptpress.com/）免费下载上机实训素材等配套教学资源，或发邮件与本书作者联系（邮箱：zhengfd@gcu.edu.cn）。

本书的编写得到了华南理工大学广州学院李仲麟教授、邓春晖副教授、蔡沂副教授、杨学伟副教授、杨柱学高级工程师、王炜副教授，以及计算机工程实验中心各位同仁的大力支持和帮助，在此向他们表示深深的谢意。由于编者水平有限，书中难免存在疏忽、错漏之处，恳请广大读者和专家批评指正。

作　者

目　　录

第一章　Windows 7 操作系统

实验一　Windows 7 操作系统基本工具的使用

【实验目的】

学习【截图工具】和【计算器】的使用，掌握桌面个性化设置的方法。

【实验要求】

按照实验步骤完成各个任务，练习【截图工具】和【计算器】的使用和桌面个性化设置。

任务 1　截图工具的使用

步骤 1：新建文件夹

在桌面空白处单击鼠标右键，在弹出的【右键快捷菜单】中，选择【新建】子菜单中的【文件夹】选项，并将文件夹命名为"实验一"。

步骤 2：启动截图工具

单击【开始】菜单，选择【最近使用的程序】列表中的【截图工具】选项✂截图工具，打开截图工具。如果【最近使用的程序】列表中没有【截图工具】选项，按下列操作打开截图工具：单击【开始】菜单中的【所有程序】列表，单击展开【附件】文件夹，选择【截图工具】选项。【截图工具】如图 1-1 所示。

图 1-1　【截图工具】

步骤 3：捕捉截图区域

按住鼠标左键，在本地计算机的【任务栏】上进行拖拽，松开鼠标完成捕获区域的选取，得到如图 1-2 所示的对话框。

步骤 4：保存截图

（1）选择图 1-2 界面中的【保存截图】选项。

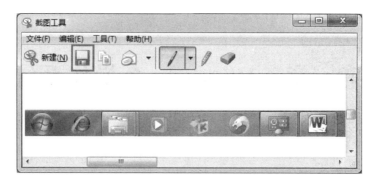

图 1-2 【截图工具】

（2）在弹出的如图 1-3 所示的对话框中的【文件名】一栏填入自己的"学号"+"姓名"+"1-1"来命名图片，如"201330084576 张三 1-1"。

（3）在【保存类型】的下拉菜单中选择"JPEG 文件"；保存位置选择桌面中的"实验一"文件夹，单击【保存】按钮。

图 1-3 保存截图

任务 2 桌面个性化设置

步骤 1：打开桌面个性化设置界面

在桌面空白处单击鼠标右键，在弹出的【右键快捷菜单】中选择【个性化】选项，打开如图1-4 所示的对话框，选择主题列表中的【自然】主题。

步骤 2：更改桌面背景图片

（1）在【个性化】选项卡中，单击【桌面背景】选项，设置界面切换到如图 1-5 所示的【选择桌面背景】界面。

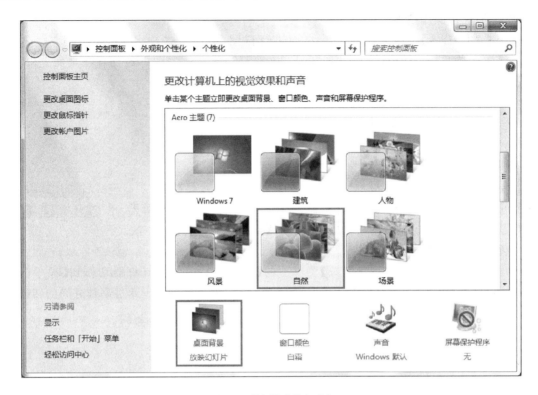

图 1-4　【个性化】选项卡

（2）单击【浏览】按钮，在弹出的对话框中，将路径"C:\用户\公用\公用图片"中的"示例图片"文件夹中的所有图片设为桌面背景，如图 1-5 所示。

图 1-5　选择桌面背景

步骤 3：保存操作结果

利用【截图工具】将设置后的整个桌面进行截图，截图文件命名为"学号"＋"姓名"＋"1-2"，【保存类型】为"JPEG 文件"，如"201330084576 张三 1-2.jpg"，并保存在桌面上以自己"学号"＋"姓名"命名的文件夹内。

任务 3　计算器的使用

步骤 1：启动计算器

单击【开始】菜单，选择【最近使用的程序】列表中的【计算器】选项 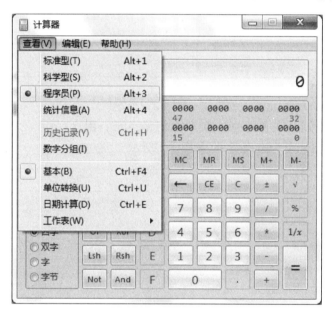 计算器，启动计算器。如果【最近使用的程序】列表中没有【计算器】选项，按下列操作打开计算器：单击【开始】菜单中的【所有程序】列表，单击展开【附件】文件夹，选择【计算器】选项。

步骤 2：切换计算器工作模式

如图 1-6 所示，选择计算器【查看】菜单下的【程序员】选项，将计算器切换到【程序员】模式。在【程序员】模式下，用户可以完成二进制、八进制、十进制以及十六进制数之间的转换。

图 1-6　计算器工作模式的切换

步骤 3：进制转换

用户在十进制模式下，输入自己学号的后两位，然后选择二进制模式，将其转化为二进制数，如图 1-7 所示。

步骤 4：保存操作结果

将转化后的计算器界面利用【截图工具】截图，截图文件命名为"学号"＋"姓名"＋"1-3"，【保存类型】为"JPEG 文件"，如"201330084576 张三 1-3.jpg"，并保存在桌面上以自己"学号"＋"姓名"命名的文件夹内。

图 1-7　十进制转二进制

实验二　Windows 7 操作系统的文件操作

【实验目的】

学习对文件和文件夹进行新建、重命名、复制、移动、创建快捷方式、删除以及属性设置的方法。

【实验要求】

按照实验步骤完成各个任务,练习文件和文件夹的新建、重命名、复制、移动、创建快捷方式、删除以及属性设置。

任务 1　重命名文件、文件夹

(1) 用鼠标单击选中"实验二素材"文件夹,然后单击文件夹名,进入重命名状态,如图 1-8 所示。

(2) 输入"实验二",实现将文件夹"实验二素材"重命名为"实验二"的操作,如图 1-9 所示。

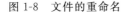

图 1-8　文件的重命名

图 1-9　输入新文件夹名

　　用户也可以在要进行重命名的文件夹上单击鼠标右键,在弹出的【右键快捷菜单】中,选择【重命名】选项进行重命名操作,如图 1-10 所示。

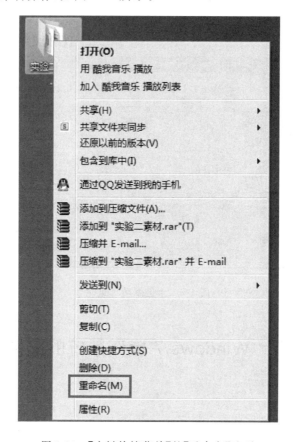

图 1-10　【右键快捷菜单】的【重命名】选项

任务 2　新建文件、文件夹

步骤 1:新建文件夹

在桌面中的"实验二"文件夹内,新建一个名为"2-1"的文件夹。

步骤 2:设置文件夹选项

(1) 单击【资源管理器】工具栏的【组织】下拉菜单,如图 1-11 所示。

图 1-11　【资源管理器】工具栏

　　(2) 在弹出的下拉菜单中选择【文件夹和搜索选项】,弹出【文件夹选项】对话框,如图 1-12 所示。

　　(3) 选择【文件夹选项】对话框的【查看】选项卡,单击选中【显示隐藏的文件、文件夹和驱动器】单选按钮,并取消选中【隐藏已知文件类型的扩展名】复选框,如图 1-12 所示,单击【确定】按钮保存设置。

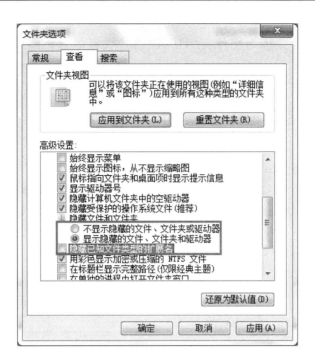

图 1-12　【文件夹选项】对话框的【查看】选项卡

步骤 3：新建文件

在"2-1"文件夹中新建一个以自己的学号命名的 dll 文件，具体步骤如下。

（1）双击"2-1"文件夹图标，打开文件夹。

（2）在文件夹的空白处单击鼠标右键，在弹出的【右键快捷菜单】中，选择【新建】子菜单的【文本文档】选项，新建一个名为"新建文本文档.txt"的文档。将该文件的文件名重命名为自己的学号，扩展名为"dll"，如"201330084576.dll"。

（3）单击【Enter】按钮，弹出如图 1-13 所示的对话框，单击【是】按钮。

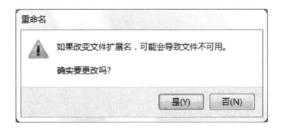

图 1-13　重命名确认对话框

任务 3　创建文件或文件夹的快捷方式

步骤 1：为文件创建快捷方式

（1）打开"实验二"文件夹中的"HUA"文件夹，在图片"小鸭子.jpg"上单击鼠标右键，在弹出的【右键快捷菜单】中选择【创建快捷方式】选项，为其创建快捷方式。

（2）将快捷方式重命名为"小鸭子"，并将"小鸭子"快捷方式存放在文件夹"HUA"中。

步骤 2：为文件夹创建快捷方式

（1）使用步骤 1 的方法为文件夹"HUA"创建快捷方式，并且将快捷方式重命名为"HUA"。

（2）将"HUA"快捷方式保存在"实验二"文件夹中。

任务 4　搜索并移动或复制文件、文件夹

步骤 1：查找并移动文件、文件夹

（1）打开"实验二"文件夹，在【资源管理器】的【搜索栏】输入"＊我＊.txt"，将该文件夹及其子文件夹下所有文件名中包含文字"我"、扩展名为"txt"的记事本文档搜索出来，如图 1-14 所示。

（2）将搜索出来的结果列表中的"读我.txt"文档通过【右键快捷菜单】中的【剪切】和【粘贴】选项移至文件夹"XIN"中。

图 1-14　搜索文件

文件或文件夹的【移动】操作，表示不需要在文件或文件夹原来的目录中保留该文件或文件夹，只在目的目录保存该文件或文件夹，因此，使用【剪切】和【粘贴】操作即可完成文件或文件夹的【移动】操作。

步骤 2：查找并复制文件、文件夹

使用步骤 1 的方法，打开桌面上"实验二"文件夹，并搜索名为"FIRST"的文件夹。然后，使用【右键快捷菜单】中的【复制】【粘贴】选项将搜索到的文件夹复制到文件夹"TWO"中（在文件夹"TWO"中建立其副本）。

任务 5　更改文件、文件夹属性

步骤 1：更改文件夹属性

（1）打开文件夹"ONE"，将鼠标移至文件夹"EXE"上，单击鼠标右键，在弹出的【右键快捷菜单】中选择【属性】选项，弹出如图 1-15 所示的【属性】对话框。

（2）选择【属性】对话框中的【常规】选项卡，将该选项卡的【属性】选项的【只读（仅用于文

件夹下的文件)】复选框勾选,【隐藏】复选框取消勾选,单击【确定】按钮完成"EXE"文件夹的存档属性以及取消隐藏的设置。

图 1-15　文件夹属性设置

文件或文件夹的【存档】属性设置为【只读】属性,表示该属性的文件或文件夹下的文件只能浏览其内容,不能更改其内容。

步骤 2:设置文件属性

使用步骤 1 的方法将文件夹"YUAN"下的文件"AHT. DLL"的属性设置为隐藏、只读、可以存档文件。

任务 6　文件的删除

步骤 1:将文件删除移至回收站

(1)打开文件夹"THREE",在文件"日志. jnt"上单击鼠标右键,在弹出的【右键快捷菜单】中选择【删除】选项,弹出如图 1-16 所示的【删除文件】对话框。

(2)在【删除文件】对话框中单击【是】按钮,将文件移至回收站。

该操作也可以通过选中文件"日志. jnt"后按【Delete】键删除。

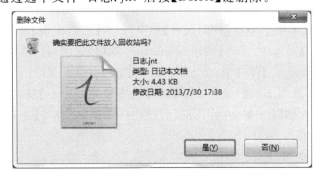

图 1-16　将文件移至回收站

步骤 2：永久删除文件

（1）选中文件夹"THREE"文件夹中的文件"压缩包.rar"，然后按【Shift】＋【Delete】组合键，弹出如图 1-17 所示的【删除文件】对话框。

（2）单击【删除文件】对话框中的【是】按钮，实现对该文件的永久性删除。

图 1-17　永久性删除文件

实验三　Windows 7 中网络的接入和配置

【实验目的】

学习网络的接入方式，掌握局域网的接入和静态 IP 地址的配置，掌握无线网络的接入和配置。

【实验要求】

按照实验步骤完成各个任务，练习局域网中 IP 地址的设置，练习无线网络的接入方式。

任务 1　局域网静态 IP 地址的配置

步骤 1：连接网络

使用网线把计算机的以太网口与房间的局域网面板插口连接起来。

步骤 2：查看网络连接信息

（1）打开【开始】菜单 ，单击【控制面板】选项，打开【控制面板】窗口。

（2）在【控制面板】窗口中，单击【网络和 Internet 选项】选项，打开【网络和 Internet】窗口。

（3）在【网络和 Internet】窗口中，单击【网络和共享中心】选项，打开【网络和共享中心】窗口，如图 1-18 所示，查看当前的网络连接信息。【网络和共享中心】窗口也可以通过鼠标右键单击计算机【任务栏】上的 图标，在弹出的【右键快捷菜单】中选择【打开网络和共享中心】选项打开。

步骤 3：查看网络连接状态

（1）单击【网络和共享中心】窗口左侧的【更改适配器设置】选项，进入【网络连接】浏览与设置界面，如图 1-19 所示。在此界面中可以查看"本地连接"和"无线网络连接"情况。

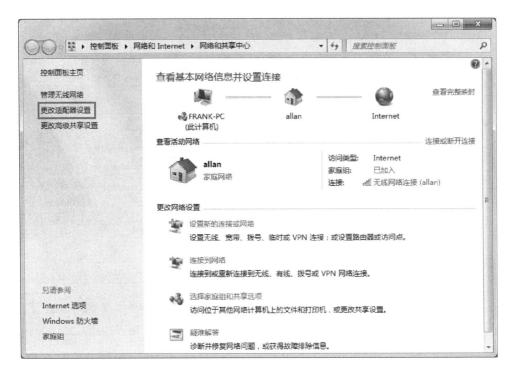

图 1-18 【网络和共享中心】窗口

图 1-19 【网络连接】窗口

（2）在【网络连接】窗口的【本地连接】图标上单击鼠标右键，在弹出的【右键快捷菜单】中选择【状态】选项，弹出如图 1-20 所示的【本地连接状态】对话框，查看当前的连接情况。

步骤 4：设置静态 IP 地址

（1）单击【本地连接 状态】对话框中的【属性】按钮，打开如图 1-21 所示的【本地连接 属性】对话框。

（2）选中【此连接使用下列项目】组的【Internet 协议版本 4（TCP/IPv4）】选项，单击【属性】按钮，弹出如图 1-22 所示的【Internet 协议版本 4（TCP/IPv4）属性】对话框。

（3）选中【使用下面的 IP 地址（S）】和【使用下面的 DNS 服务器地址（E）】单选按钮，分别在【IP 地址】【子网掩码】【默认网关】【首选 DNS 服务器】和【备用 DNS 服务器】框中输入从计算机管理员获取的具体设置信息，完成 IP 地址的设置。

图 1-20 【本地连接 状态】对话框

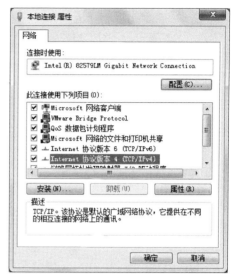

图 1-21 【本地连接 属性】对话框

图 1-22 【Internet 协议版本 4（TCP/IPv4）属性】对话框

任务 2 无线网络的接入和设置

步骤 1：开启无线网络

若要使用无线网络，计算机必须已安装无线网卡，若是笔记本电脑，还需开启无线网络的硬件开关。

步骤 2：查看搜索到的无线网络

单击计算机【任务栏】上的已连接图标或未连接图标，即可查看搜索到的所有无线网络信号，如图 1-23 所示。

步骤 3：连接无线网络

在如图 1-23 所示的窗口中，选中无线网络信号名称，单击【连接】按钮，实现对无线网络的连接。如果无线网络设置了密码，连接过程中会提示输入安全密钥，如图 1-24 所示，输入已知的密码，单击【确定】按钮，完成网络的连接。

图 1-23　搜索到的无线网络信号　　　　　　图 1-24　【输入网络安全密钥】对话框

步骤 4：无线网络设置

参照任务 1 的步骤，在如图 1-19 所示的【网络连接】窗口中的【无线网络连接】图标上单击鼠标右键，在弹出的【右键快捷菜单】中选择【状态】选项，即可查看无线网络的状态，并可按任务 1 的步骤设置无线网络的 IP 地址。

测试一　文件和文件夹的基本操作

任务 1　文件属性设置

将 HUI\LAN 文件夹中的文件 NIU.PRM 设置为存档和隐藏属性。

任务 2　文件及文件夹的新建等基本操作

1. 将 HEI\HONG 文件夹中的文件 YANXI.FOR 删除。

2. 在 YOUXI 文件夹中新建一个文件夹 ZIPAI。

3. 将 TEACHER\WU 文件夹中的文件夹 STUDENT 复制到 COACH\GAO 文件夹中，并将该文件夹命名为 GRADUATE。

4. 将 HUI\MING 文件夹中的文件夹 HAO 移动到 LIANG 文件夹中。

第二章 Word 2010 文字处理

实验一 Word 2010 的基本操作

【实验目的】

学会 Word 2010 的启动、打开、新建、保存、关闭、退出和保护等基本操作方法。

【实验要求】

按照实验步骤，依次熟悉 Word 2010 的启动、打开、新建、保存、关闭、退出和保护等基本操作方法。

任务 1 启动与打开 Word 文档

步骤 1：启动 Word 文档

单击任务栏最左边的【开始】菜单，在【所有程序】中的【Microsoft Office】中选择【Microsoft Word 2010】选项，启动 Word 2010 文档，如图 2-1 所示。

图 2-1 启动 Word 2010

步骤 2:打开已有文件

在已打开的 Word 2010 软件中,在【文件】选项卡中选择【打开】选项 打开,选择"实验一-任务 1.docx",单击【打开】按钮。打开的文档如图 2-2 所示。

图 2-2　打开已有的 Word 文档

任务 2　新建与保存 Word 文档

步骤 1:新建 Word 文档

在已打开的 Word 2010 软件中,在【文件】选项卡中选择【新建】选项,选择"空白"文档,单击右下角的【创建】按钮,如图 2-3 所示,即可新建一个空白文档。

图 2-3　新建 Word 文档

步骤2：保存 Word 文档

在【文件】选项卡中选择【保存】按钮，或者单击【快速访问工具栏】上的【保存】图标，则弹出【另存为】对话框，为文件命名为"实验一-任务2"，如图2-4所示，单击【保存】按钮，则文档被保存。

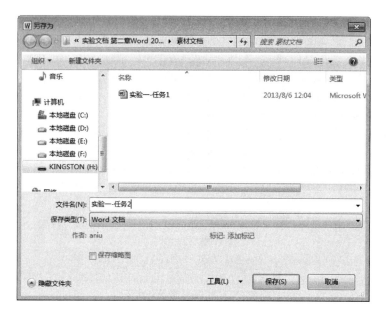

图 2-4　保存 Word 文档

步骤3："另存为"Word 文档

在【文件】选项卡中单击【另存为】按钮，在弹出的【另存为】对话框中，选择【保存类型】为【Word 97-2003 文档】，如图2-5所示，单击【保存】按钮。则该文档被保存为 Office Word 2003 版本，Office Word 2003 软件能够将其打开。

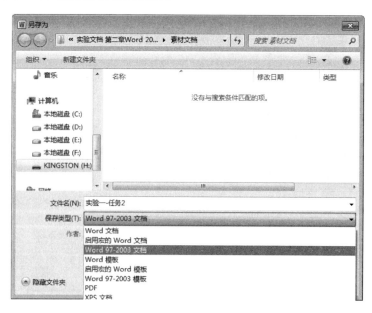

图 2-5　"另存为"Word 文档

任务 3　关闭与退出 Word 文档

步骤 1:关闭 Word 文档

单击标题栏最右侧的【关闭】按钮✖️,关闭文档当前"实验一-任务 2"文档。

步骤 2:退出 Word 文档

在【文件】选项卡中单击【退出】按钮✖️ 退出,退出整个 Office Word 2010 软件。

任务 4　保护 Word 文档

步骤 1:保护 Word 文档

重新打开"实验一-任务 2.docx"文档,在【文件】选项卡中选择【保存】或【另存为】命令,在弹出的【另存为】对话框底部,选择【工具】中的【常规选项】,如图 2-6 所示,弹出【常规选项】对话框,如图 2-7 所示。在该对话框中输入"123"作为密码,单击【确定】按钮,在弹出的【确认密码】对话框中再次输入"123",如图 2-8 所示,单击【确定】按钮。这样,下次打开这份文档时,就必须输入密码"123"。

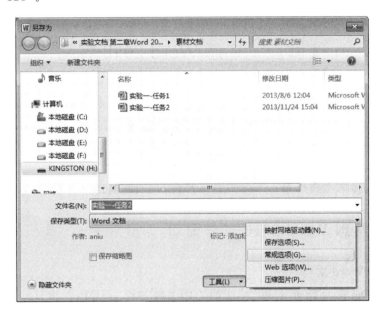

图 2-6　在【另存为】对话框中选择【常规选项】

步骤 2:取消保护

用同样的方法,在弹出的【常规选项】对话框中,把密码去掉,可取消保护 Word 文档。

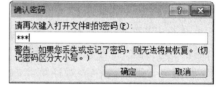

图 2-7　保存文件的【常规选项】对话框　　　　　图 2-8　【确认密码】对话框

实验二　熟悉 Word 2010 界面

【实验目的】

熟悉 Word 2010 的工作窗口和视图方式，学会设置 Word 2010 选项。

【实验要求】

按照实验步骤，依次熟悉 Word 2010 的工作窗口和视图方式，并设置 Word 2010 选项。

任务 1　熟悉 Word 2010 工作窗口

步骤 1：打开 Word 文档

将鼠标放在"实验二-任务 1. docx"文档图标上 实验二-任务1，双击打开"实验二-任务 1. docx"文档，如图 2-9 所示。

步骤 2：查看 Word 2010 主界面

对照图 2-10，在打开的"实验二-任务 1. docx"文档中，查看 Word 2010 主界面，牢记图 2-10 中所标示的各部分的名称（这些名称在以后的学习和练习中将会使用到）。注意：默认打开的 Word 文档一般不显示"导航窗格"，可在【视图】选项卡【显示】组中选中【导航窗格】复选框，即可显示"导航窗格"。

图 2-9 实验二-任务 1.docx 文档

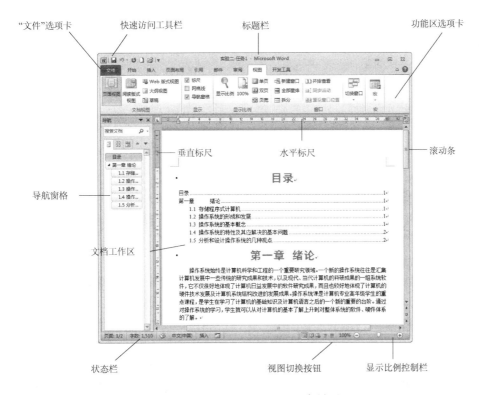

图 2-10 Word 2010 主界面

步骤 3：自定义快速访问工具栏

单击标题栏左侧的快速访问工具栏  右侧的小倒三角形，在弹出的【自定义快速访问工具栏】菜单中，在 Word 默认的已经选中【保存】【取消】和【恢复】选项的基础上，再选中【新建】【打开】选项，则可以看见在快速访问工具栏上，增加了【新建】和【打开】两个图标，如图 2-11 所示。

图 2-11　自定义快速访问工具栏

步骤 4：自定义功能区选项卡

（1）在默认的 Word 窗口中，可以看到有【开始】【插入】【页面布局】【引用】【邮件】【审阅】【视图】等功能区选项卡，如图 2-12 所示。

图 2-12　Word 默认功能区选项卡

（2）现在我们将 Word 自带的另一个功能区选项卡【开发工具】显示出来。其具体的做法是：在【文件】选项卡 文件 中选择【选项】。在弹出来的【Word 选项】对话框中，选择【自定义功能区】命令，在界面右边的【自定义功能区】区域中，选中【开发工具】复选框，如图 2-13 所示。

（3）单击【确定】按钮，则在功能区上出现了【开发工具】选项卡，如图 2-14 所示。

步骤 5：在导航窗格中重新组织文档内容

（1）在【视图】选项卡【显示】组中选中【导航窗格】复选框，将【导航窗格】显示出来。在【导航窗格】中，可以看到当前这份"实验二-任务 1.docx"文档的结构，如图 2-15 所示。

（2）单击鼠标左键，选中【导航窗格】中的"1.5 分析和设计操作系统的几种观点"，按住鼠标不放，将其拖动到"1.4 操作系统的特性及其应解决的基本问题"之前，再释放鼠标。此时可以看到，不仅在【导航窗格】中，1.4 和 1.5 标题的位置发生了改变，如图 2-16 所示，而且在整篇文档中，1.4 和 1.5 标题下面相应的内容的位置也发生了改变，如图 2-17 所示。也就是说，只要拖动【导航窗格】中的标题，就可实现文档中相应内容位置的改变。

图 2-13 【Word 选项】对话框【自定义功能区】选项卡

图 2-14 自定义功能区后效果

图 2-15 【导航窗格】中的文档结构

图 2-16 【导航窗格】中新的文档结构

1.5 分析和设计操作系统的几种观点

操作系统是一种大型复杂的系统软件,为了系统地研究、分析它的基本功能、组成部分、工作过程以及体系结构,人们对这些问题常常从不同的角度采用不同的观点剖析它的结构,分析和实现它的功能。

1.4 操作系统的特性及其应解决的基本问题

目前广泛使用的计算机仍然是以顺序计算为基础的存储程序式计算机。但是,为了充分利用计算机系统的资源,一般采用多个同时性用户分用的策略。以顺序计算为基础的计算机系统要完成并行处理的功能,必然导致并发共享的矛盾,以多道程序设计为基础的操作系统必然反映这一特征。另外,由于操作系统要随时处理各种意外事件,所以它也包含着不确定性的特性。

图 2-17 【导航窗格】中文档结构的改变引起文档内容的改变

图 2-18 选中【标尺】和【网格线】复选框

步骤 6:显示与隐藏标尺、网格线

在【视图】选项卡【显示】组中选中【标尺】和【网格线】复选框,如图 2-18 所示,即可看到在文档中既有水平和垂直标尺,又有网格线,效果如图 2-19 所示。

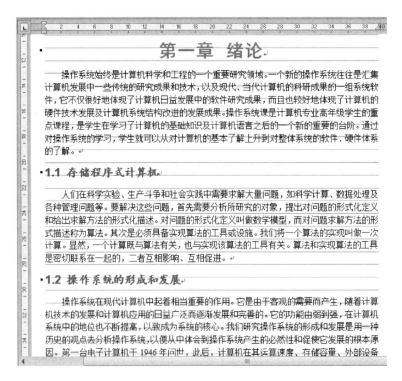

图 2-19 显示【标尺】和【网格线】的工作窗口

步骤 7:改变显示比例

(1) 在状态栏的右侧,有一个【显示比例控制栏】，单击【缩放级别】按钮,在弹出的【显示比例】对话框中,将显示比例改为 75%,如图 2-20 所示,可以看到页面上显示的内容整体变小成为原始大小的 75%。

(2) 滑动【显示比例】滑块及其左右两侧的加减号，将滑块定位在

120%,可以看到页面上显示的内容整体变小成为原始大小的120% 。

图 2-20　【显示比例】对话框

任务 2　切换 Word 2010 视图方式

步骤 1:查看页面视图

于默认情况下,Word 文档是处于"页面视图"的。在【视图】选项卡的【文档视图】组中,确认一下当前视图是否处"页面视图",如图 2-21 所示,如果【页面视图】按钮处于被按下状态,则表明当前处于"页面视图"。

图 2-21　"文档视图"方式

步骤 2:切换至阅读版式视图

单击【视图】选项卡的【文档视图】组,在图2-21中选择【阅读版式视图】选项,或单击状态栏中的"视图切换按钮" 中的【阅读版式视图】按钮,切换到阅读版式视图,其效果如图 2-22 所示。

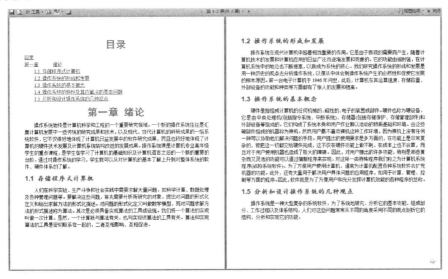

图 2-22　"阅读版式视图"显示效果

步骤 3：切换至 Web 版式视图

单击【视图】选项卡的【文档视图】组，在图 2-21 中选择【Web 版面视图】按钮，或单击状态栏中的"视图切换按钮" 中的【Web 版面视图】按钮，切换到 Web 版面视图，其效果如图 2-23 所示。

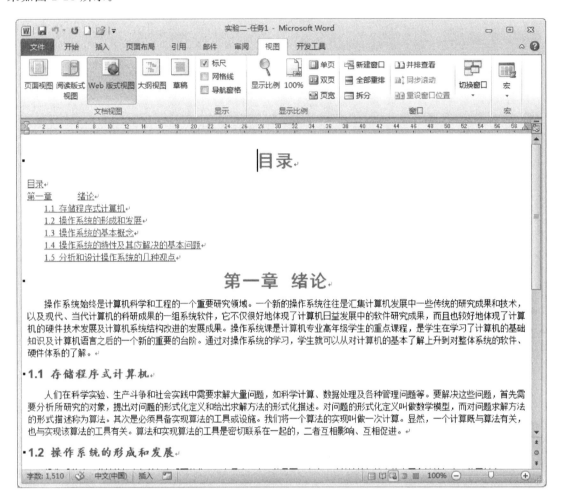

图 2-23 "Web 版面视图"显示效果

步骤 4：切换至大纲视图

单击【视图】选项卡的【文档视图】组，在图 2-21 中选择【大纲视图】按钮，或单击状态栏中的"视图切换按钮" 中的【大纲视图】按钮，切换到大纲视图，其效果如图 2-24 所示。

步骤 5：切换至草稿

单击【视图】选项卡的【文档视图】组，在图 2-21 中选择【草稿】按钮，或单击状态栏中的"视图切换按钮" 中的【草稿】按钮，切换到草稿视图，其效果如图 2-25 所示。

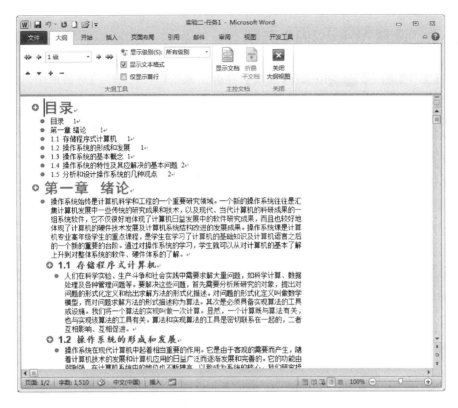

图 2-24　"大纲视图"显示效果

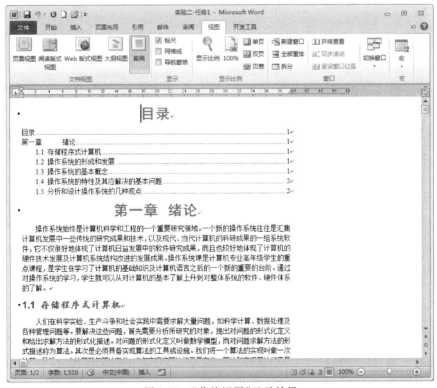

图 2-25　"草稿视图"显示效果

任务 3　设置 Word 2010 选项

（1）在【文件】选项卡 文件 中选择【选项】，在弹出来的【Word 选项】对话框中，选择左边的【保存】命令，在界面右边的【保存文档】区域中，将【自动恢复信息时间间隔】改为【15 分钟】（注：自动恢复信息时间间隔是指 Word 自动保存文档的时间间隔），如图 2-26 所示。

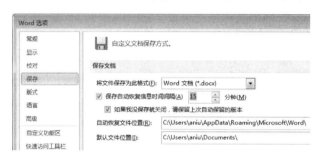

图 2-26　更改【Word 选项】的【保存】命令

（2）选择【常规】命令，在界面右边的【用户界面选项】区域中，将【配色方案】改为【蓝色】，如图 2-27 所示，单击【确定】按钮后，可以看见 Word 窗口界面的颜色发生了变化。

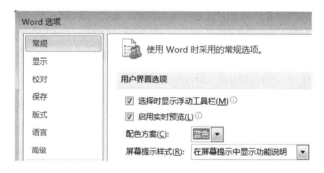

图 2-27　更改【Word 选项】的【常规】命令

（3）在 Word 选项的其他命令中还可以进行更多的个性化设置。

（4）上述步骤做完后，单击【文件】选项卡的【保存】按钮，再单击文档右上角的【关闭】按钮 ⊠ 退出 Word 文档。

实验三　Word 2010 文档的编辑

【实验目的】

学习使用 Word 字处理软件进行文档编辑。

【实验要求】

按照实验步骤完成文档的录入、文本内容的基本编辑、查找与替换等。

任务 1　输入文本

打开 Word 2010 软件，输入如图 2-28 所示的文字，将文档保存为"实验三-任务 1.docx"。

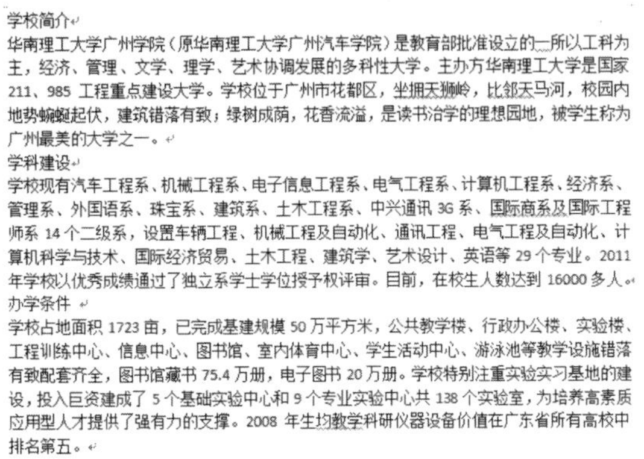

学校简介

华南理工大学广州学院（原华南理工大学广州汽车学院）是教育部批准设立的一所以工科为主，经济、管理、文学、理学、艺术协调发展的多科性大学。主办方华南理工大学是国家 211、985 工程重点建设大学。学校位于广州市花都区，坐拥天狮岭，比邻天马河，校园内地势蜿蜒起伏，建筑错落有致；绿树成荫，花香流溢，是读书治学的理想园地，被学生称为广州最美的大学之一。

学科建设

学校现有汽车工程系、机械工程系、电子信息工程系、电气工程系、计算机工程系、经济系、管理系、外国语系、珠宝系、建筑系、土木工程系、中兴通讯 3G 系、国际商系及国际工程师系 14 个二级系，设置车辆工程、机械工程及自动化、通讯工程、电气工程及自动化、计算机科学与技术、国际经济贸易、土木工程、建筑学、艺术设计、英语等 29 个专业。2011 年学校以优秀成绩通过了独立系学士学位授予权评审。目前，在校生人数达到 16000 多人。

办学条件

学校占地面积 1723 亩，已完成基建规模 50 万平方米，公共教学楼、行政办公楼、实验楼、工程训练中心、信息中心、图书馆、室内体育中心、学生活动中心、游泳池等教学设施错落有致配套齐全，图书馆藏书 75.4 万册，电子图书 20 万册。学校特别注重实验实习基地的建设，投入巨资建成了 5 个基础实验中心和 9 个专业实验中心共 138 个实验室，为培养高素质应用型人才提供了强有力的支撑。2008 年生均教学科研仪器设备价值在广东省所有高校中排名第五。

图 2-28　输入的原始文本

任务 2　文本内容的基本编辑

步骤 1：选择文本

选择"华南理工大学广州学院"几个字，如图 2-29 所示。

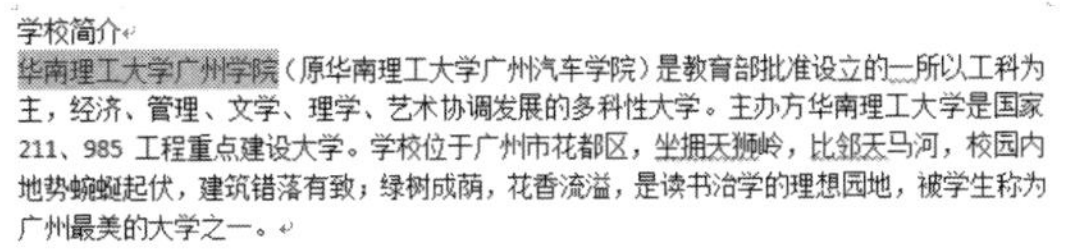

学校简介

华南理工大学广州学院（原华南理工大学广州汽车学院）是教育部批准设立的一所以工科为主，经济、管理、文学、理学、艺术协调发展的多科性大学。主办方华南理工大学是国家 211、985 工程重点建设大学。学校位于广州市花都区，坐拥天狮岭，比邻天马河，校园内地势蜿蜒起伏，建筑错落有致；绿树成荫，花香流溢，是读书治学的理想园地，被学生称为广州最美的大学之一。

图 2-29　选择文本

步骤 2：插入标题

在选中的文本上单击鼠标右键，在弹出的【右键快捷菜单】中，选择【复制】命令（或【Ctrl】＋【C】），将鼠标放置在"学校简介"之前，按下【Enter】键，单击鼠标右键，在弹出的右键快捷菜单中，选择【粘贴】命令（或【Ctrl】＋【V】），将所复制的内容进行粘贴，效果如图 2-30 所示。

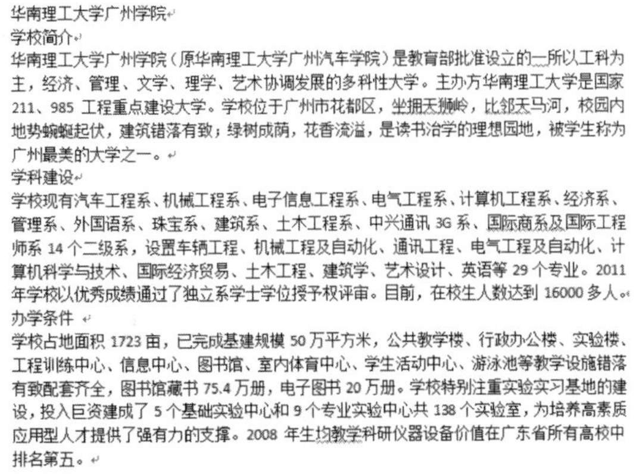

华南理工大学广州学院

学校简介

华南理工大学广州学院（原华南理工大学广州汽车学院）是教育部批准设立的一所以工科为主，经济、管理、文学、理学、艺术协调发展的多科性大学。主办方华南理工大学是国家 211、985 工程重点建设大学。学校位于广州市花都区，坐拥天狮岭，比邻天马河，校园内地势蜿蜒起伏，建筑错落有致；绿树成荫，花香流溢，是读书治学的理想园地，被学生称为广州最美的大学之一。

学科建设

学校现有汽车工程系、机械工程系、电子信息工程系、电气工程系、计算机工程系、经济系、管理系、外国语系、珠宝系、建筑系、土木工程系、中兴通讯 3G 系、国际商系及国际工程师系 14 个二级系，设置车辆工程、机械工程及自动化、通讯工程、电气工程及自动化、计算机科学与技术、国际经济贸易、土木工程、建筑学、艺术设计、英语等 29 个专业。2011 年学校以优秀成绩通过了独立系学士学位授予权评审。目前，在校生人数达到 16000 多人。

办学条件

学校占地面积 1723 亩，已完成基建规模 50 万平方米，公共教学楼、行政办公楼、实验楼、工程训练中心、信息中心、图书馆、室内体育中心、学生活动中心、游泳池等教学设施错落有致配套齐全，图书馆藏书 75.4 万册，电子图书 20 万册。学校特别注重实验实习基地的建设，投入巨资建成了 5 个基础实验中心和 9 个专业实验中心共 138 个实验室，为培养高素质应用型人才提供了强有力的支撑。2008 年生均教学科研仪器设备价值在广东省所有高校中排名第五。

图 2-30　插入标题效果

步骤3：移动文本

选中文本"办学条件……排名第五。"，按住鼠标，将其拖动到"学科建设"之前，释放鼠标，则可看见所选中的文本被移动了。效果图如图 2-31 所示。

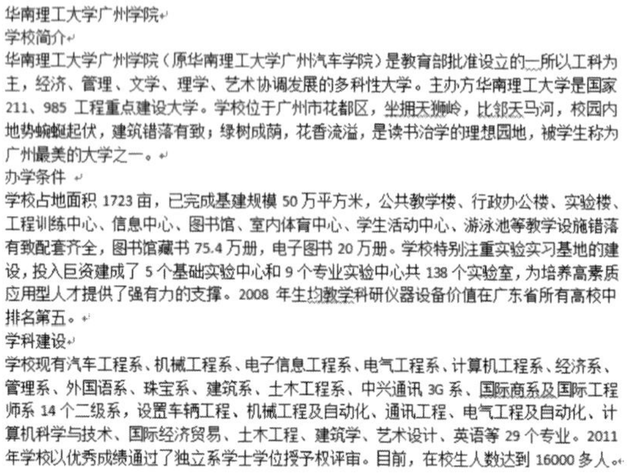

图 2-31　移动文本效果

任务3　查找与替换

（1）选中"学校现有……达到 16000 多人。"，在【开始】选项卡的【编辑】组中，单击【替换】命令，弹出【查找和替换】对话框，在【查找内容】处填写"系"，在【替换为】处填写"学院"，如图 2-32 所示，单击【全部替换】按钮。

图 2-32　【查找和替换】对话框

（2）替换结束后，Word 会弹出如图 2-33 所示的提示框，表明已经替换 16 处内容，并询问是否搜索文档的其余部分。由于我们是在选择了要替换的文本范围的基础上来进行替换的，所以单击【否】按钮。此时，文档中所选中段落的所有"系"就变成了"学院"。替换完的文档如图2-34 所示。

图 2-33　【查找和替换】提示框

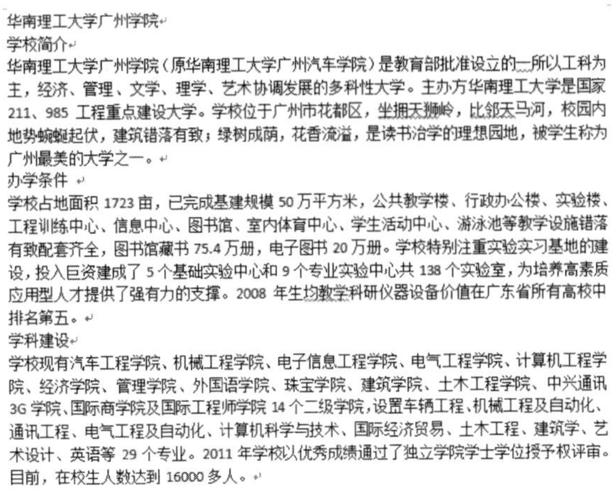

华南理工大学广州学院

学校简介

华南理工大学广州学院（原华南理工大学广州汽车学院）是教育部批准设立的一所以工科为主，经济、管理、文学、理学、艺术协调发展的多科性大学。主办方华南理工大学是国家211、985 工程重点建设大学。学校位于广州市花都区，坐拥天狮岭，比邻天马河，校园内地势蜿蜒起伏，建筑错落有致；绿树成荫，花香流溢，是读书治学的理想园地，被学生称为广州最美的大学之一。

办学条件

学校占地面积 1723 亩，已完成基建规模 50 万平方米，公共教学楼、行政办公楼、实验楼、工程训练中心、信息中心、图书馆、室内体育中心、学生活动中心、游泳池等教学设施错落有致配套齐全，图书馆藏书 75.4 万册，电子图书 20 万册。学校特别注重实验实习基地的建设，投入巨资建成了 5 个基础实验中心和 9 个专业实验中心共 138 个实验室，为培养高素质应用型人才提供了强有力的支撑。2008 年生均教学科研仪器设备价值在广东省所有高校中排名第五。

学科建设

学校现有汽车工程学院、机械工程学院、电子信息工程学院、电气工程学院、计算机工程学院、经济学院、管理学院、外国语学院、珠宝学院、建筑学院、土木工程学院、中兴通讯3G 学院、国际商学院及国际工程师学院 14 个二级学院，设置车辆工程、机械工程及自动化、通讯工程、电气工程及自动化、计算机科学与技术、国际经济贸易、土木工程、建筑学、艺术设计、英语等 29 个专业。2011 年学校以优秀成绩通过了独立学院学士学位授予权评审。目前，在校生人数达到 16000 多人。

图 2-34　替换完的文档

（3）单击【保存】按钮保存文档，并将其关闭。

任务 4　插入文档

打开"实验三-任务 4.docx"文档，将鼠标放置于文档最前面，在【插入】选项卡的【文本】组中，单击【对象】选项右侧的下拉菜单，选择【文件中的文字】选项，在弹出的【插入文件】对话框中选择"实验三-任务 1.docx"文档，单击【插入】按钮。插入后的效果图如图 2-35 所示。

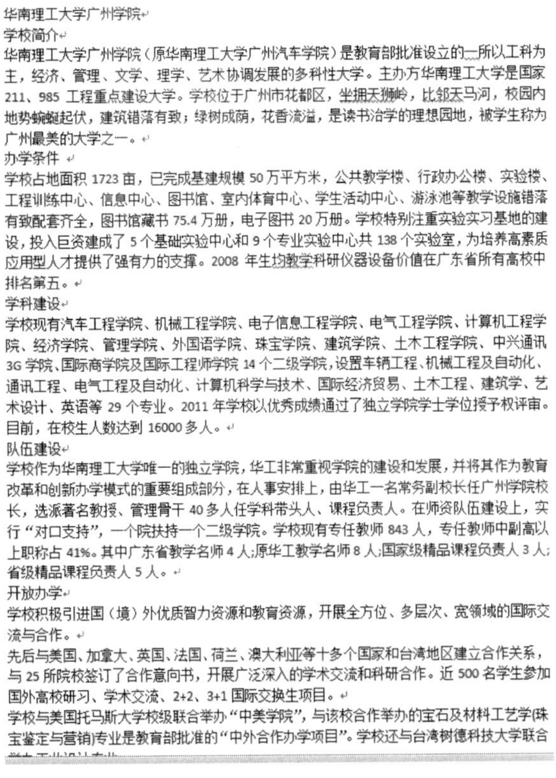

华南理工大学广州学院

学校简介

华南理工大学广州学院（原华南理工大学广州汽车学院）是教育部批准设立的一所以工科为主，经济、管理、文学、理学、艺术协调发展的多科性大学。主办方华南理工大学是国家211、985 工程重点建设大学。学校位于广州市花都区，坐拥天狮岭，比邻天马河，校园内地势蜿蜒起伏，建筑错落有致；绿树成荫，花香流溢，是读书治学的理想园地，被学生称为广州最美的大学之一。

办学条件

学校占地面积 1723 亩，已完成基建规模 50 万平方米，公共教学楼、行政办公楼、实验楼、工程训练中心、信息中心、图书馆、室内体育中心、学生活动中心、游泳池等教学设施错落有致配套齐全，图书馆藏书 75.4 万册，电子图书 20 万册。学校特别注重实验实习基地的建设，投入巨资建成了 5 个基础实验中心和 9 个专业实验中心共 138 个实验室，为培养高素质应用型人才提供了强有力的支撑。2008 年生均教学科研仪器设备价值在广东省所有高校中排名第五。

学科建设

学校现有汽车工程学院、机械工程学院、电子信息工程学院、电气工程学院、计算机工程学院、经济学院、管理学院、外国语学院、珠宝学院、建筑学院、土木工程学院、中兴通讯3G 学院、国际商学院及国际工程师学院 14 个二级学院，设置车辆工程、机械工程及自动化、通讯工程、电气工程及自动化、计算机科学与技术、国际经济贸易、土木工程、建筑学、艺术设计、英语等 29 个专业。2011 年学校以优秀成绩通过了独立学院学士学位授予权评审。目前，在校生人数达到 16000 多人。

队伍建设

学校作为华南理工大学唯一的独立学院，华工非常重视学院的建设和发展，并将其作为教育改革和创新办学模式的重要组成部分，在人事安排上，由华工一名常务副校长任广州学院校长，选派著名教授、管理骨干 40 多人任学科带头人、课程负责人。在师资队伍建设上，实行"对口支持"，一个院扶持一个二级院。学校现有专任教师 843 人，专任教师中副高以上职称占 41%。其中广东省教学名师 4 人；原华工教学名师 8 人，国家级精品课程负责人 3 人，省级精品课程负责人 5 人。

开放办学

学校积极引进国（境）外优质智力资源和教育资源，开展全方位、多层次、宽领域的国际交流与合作。

先后与美国、加拿大、英国、法国、荷兰、澳大利亚等十多个国家和台湾地区建立合作关系，与 25 所院校签订了合作意向书，开展广泛深入的学术交流和科研合作。近 500 名学生参加国外高校研习、学术交流、2+2、3+1 国际交换生项目。

学校与美国托马斯大学校级联合举办"中美学院"，与该校合作举办的宝石及材料工艺学（珠宝鉴定与营销）专业是教育部批准的"中外合作办学项目"。学校还与台湾树德科技大学联合

图 2-35　插入文档效果图

实验四　Word 2010 文档的排版

【实验目的】

学习使用 Word 字处理软件进行文档排版，掌握文档排版的基本方法。学会编辑修改文档、格式化字符、格式化段落等。

【实验要求】

按照步骤完成文档的格式修改，练习对文档中不同等级的文字样式的修改，对文档段落进行格式化。

任务 1　设置字体的格式

步骤 1：设置字体、字形、字号

打开"实验四-文档 1. docx"文档，进行以下格式设置。

（1）选中标题"华南理工大学广州学院"，单击【开始】选项卡的【字体】组右下角的对话框启动器，弹出【字体】对话框，在该对话框中，将【中文字体】设置为"黑体"、将【字形】设置为"加粗"、将【字号】设置为"二号"，如图 2-36 所示，单击【确定】按钮。设置后的效果如图 2-37 所示。

图 2-36　【字体】对话框

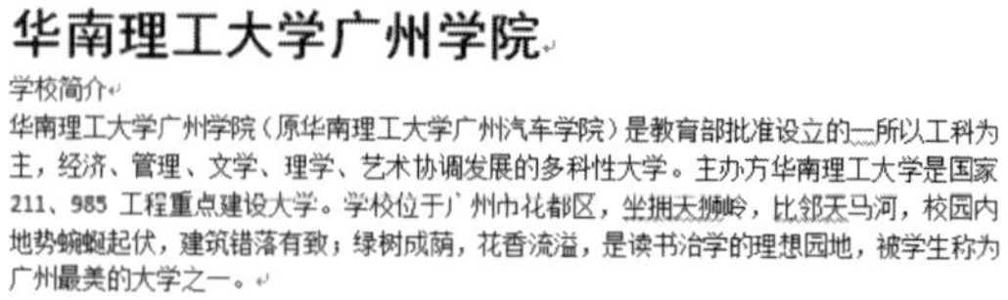

华南理工大学广州学院

学校简介
华南理工大学广州学院（原华南理工大学广州汽车学院）是教育部批准设立的一所以工科为
主，经济、管理、文学、理学、艺术协调发展的多科性大学。主办方华南理工大学是国家
211、985 工程重点建设大学。学校位于广州市花都区，坐拥天狮岭，比邻天马河，校园内
地势蜿蜒起伏，建筑错落有致；绿树成荫，花香流溢，是读书治学的理想园地，被学生称为
广州最美的大学之一。

图 2-37　标题设置效果

（2）按住【Ctrl】键，用鼠标依次选中"学校简介""办学条件""学科建设""队伍建设""开放办学""硕果累累"，按照刚才的方法，在【字体】对话框中，把它们设置为"宋体、三号、加粗"。

步骤 2：为字体加着重号

选中最后一段中的"中国最具就业竞争力院校""全国学生最信赖的十佳独立学院""全国最具品牌影响力独立学院"，在【字体】对话框中，为其设置着重号，如图 2-38 所示。

图 2-38　为字体加着重号

步骤 3：为字体加下划线

选中正文第 8 段（"学校作为……课程负责人 5 人。"）中的"广东省教学名师""原华工教学名师""国家级精品课程负责人""省级精品课程负责人"，在【字体】对话框中，为其加红色双下划线，如图 2-39 所示。

图 2-39　为字体加下划线

设置后的效果图如图 2-40 所示。单击【保存】按钮保存文件。

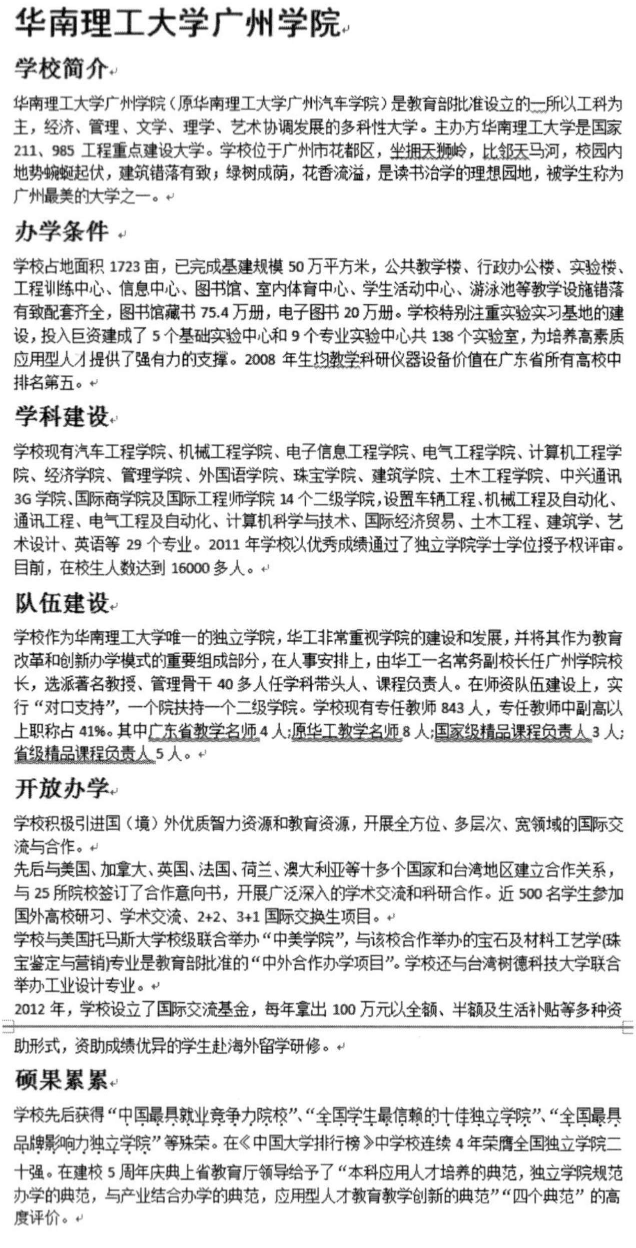

华南理工大学广州学院

学校简介

华南理工大学广州学院（原华南理工大学广州汽车学院）是教育部批准设立的一所以工科为主，经济、管理、文学、理学、艺术协调发展的多科性大学。主办方华南理工大学是国家211、985 工程重点建设大学。学校位于广州市花都区，坐揽天狮岭，比邻天马河，校园内地势蜿蜒起伏，建筑错落有致，绿树成荫，花香流溢，是读书治学的理想园地，被学生称为广州最美的大学之一。

办学条件

学校占地面积 1723 亩，已完成基建规模 50 万平方米，公共教学楼、行政办公楼、实验楼、工程训练中心、信息中心、图书馆、室内体育馆、学生活动中心、游泳池等教学设施错落有致配套齐全，图书馆藏书 75.4 万册，电子图书 20 万册。学校特别注重实验实习基地的建设，投入巨资建成了 5 个基础实验中心和 9 个专业实验中心共 138 个实验室，为培养高素质应用型人才提供了强有力的支撑。2008 年生均教学科研仪器设备价值在广东省所有高校中排名第五。

学科建设

学校现有汽车工程学院、机械工程学院、电子信息工程学院、电气工程学院、计算机工程学院、经济学院、管理学院、外国语学院、珠宝学院、建筑学院、土木工程学院、中兴通讯3G 学院、国际商学院及国际工程师学院 14 个二级学院，设置车辆工程、机械工程及自动化、通讯工程、电气工程及自动化、计算机科学与技术、国际经济贸易、土木工程、建筑学、艺术设计、英语等 29 个专业。2011 年学校以优秀成绩通过了独立学院学士学位授予权评审。目前，在校生人数达到 16000 多人。

队伍建设

学校作为华南理工大学唯一的独立学院，华工非常重视学院的建设和发展，并将其作为教育改革和创新办学模式的重要组成部分，在人事安排上，由华工一名常务副校长任广州学院校长，选派著名教授、管理骨干 40 多人任学科带头人、课程负责人。在师资队伍建设上，实行"对口支持"，一个院扶持一个二级学院。学校现有专任教师 843 人，专任教师中副高以上职称占 41%。其中广东省教学名师 4 人；原华工教学名师 8 人；国家级精品课程负责人 3 人；省级精品课程负责人 5 人。

开放办学

学校积极引进国（境）外优质智力资源和教育资源，开展全方位、多层次、宽领域的国际交流与合作。

先后与美国、加拿大、英国、法国、荷兰、澳大利亚等十多个国家和台湾地区建立合作关系，与 25 所院校签订了合作意向书，开展广泛深入的学术交流和科研合作。近 500 名学生参加国外高校研习、学术交流、2+2、3+1 国际交换生项目。

学校与美国托马斯大学校级联合举办"中美学院"，与该校合作举办的宝石及材料工艺学(珠宝鉴定与营销)专业是教育部批准的"中外合作办学项目"。学校还与台湾树德科技大学联合举办工业设计专业。

2012 年，学校设立了国际交流基金，每年拿出 100 万以全额、半额及生活补贴等多种资助形式，资助成绩优异的学生赴海外留学研修。

硕果累累

学校先后获得"中国最具就业竞争力院校"、"全国学生最信赖的十佳独立学院"、"全国最具品牌影响力独立学院"等殊荣。在《中国大学排行榜》中学校连续 4 年荣膺全国独立学院二十强。在建校 5 周年庆典上省教育厅领导给予了"本科应用人才培养的典范，独立学院规范办学的典范，与产业结合办学的典范，应用型人才教育教学创新的典范""四个典范"的高度评价。

图 2-40　基本文字设置效果图

步骤 4：设置字体间距

按住【Ctrl】键，用鼠标依次选中"学校简介""办学条件""学科建设""队伍建设""开放办学""硕果累累"，在【字体】对话框中选择【高级】选项卡，设置【字符间距】为"加宽 2 磅"，如图 2-41 所示。

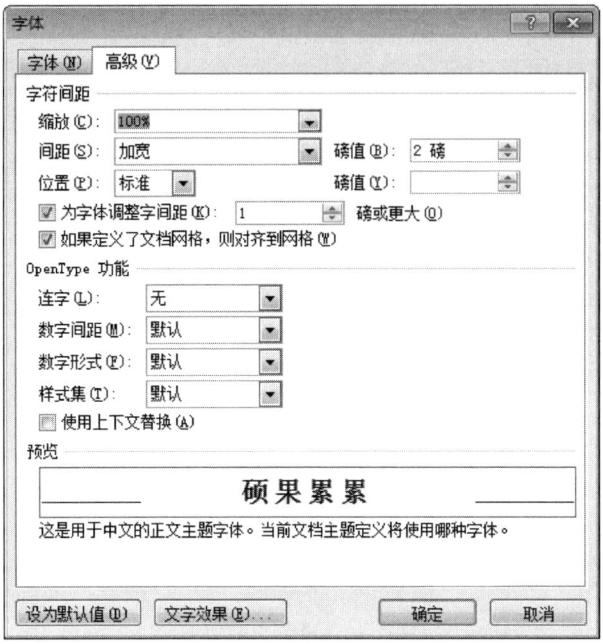

图 2-41　设置字符间距加宽 2 磅

步骤 5：设置文字底纹

选中"学校简介""办学条件""学科建设""队伍建设""开放办学""硕果累累",在【页面布局】选项卡的【页面背景】组中选择【页面边框】命令,在弹出的【边框和底纹】对话框中,选择【底纹】选项卡,选择填充颜色为"黄色",并在【应用于】选项中,选择"文字",如图 2-42 所示,单击【确定】按钮。

图 2-42　设置文字底纹

步骤 6：设置文字边框

选中正文第一段文字("华南理工大学广州学院……最美的大学之一。"),在【边框和底纹】对话框中,选择【边框】选项卡,选择"方框、实线、红色、1.0 磅",并应用于"文字",如图 2-43 所示,单击【确定】按钮。

图 2-43　设置文字边框

以上设置后的效果图如图 2-44 所示,单击【保存】按钮保存文档。

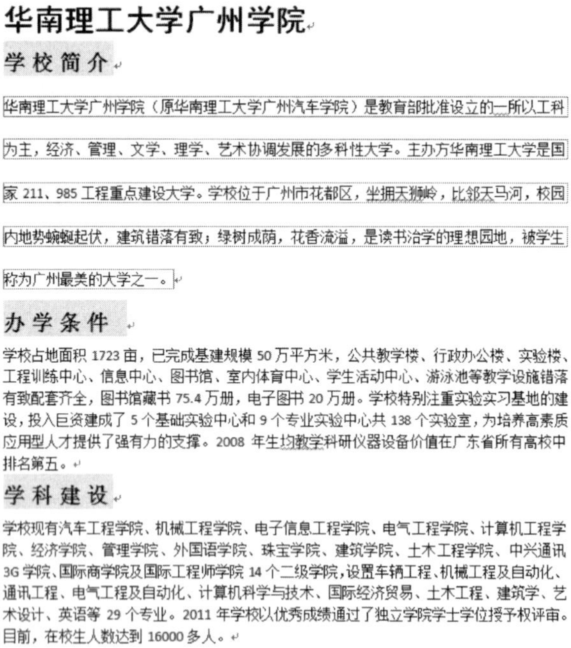

图 2-44　字体格式设置效果

任务 2　设置段落的格式

步骤 1:设置对齐方式

选中标题"华南理工大学广州学院",在【开始】选项卡的【段落】组中,单击【居中】按钮，则标题居中。

步骤 2:设置缩进

选中正文的第二段落("华南理工大学广州学院……最美的大学之一。"),单击【开始】选项卡的【段落】组右下角的对话框启动器 ,弹出【段落】对话框,在【缩进】的【特殊格式】下拉列表中,选择"首行缩进",并设置【磅值】为"2 字符",如图 2-45 所示,单击【确定】按钮。

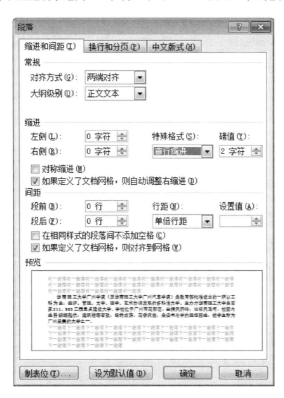

图 2-45　设置首行缩进

同样,对正文中"学校占地……排名第五。""学校现有……达到 16 000 多人。""学校作为……课程负责人 5 人。""学校积极……留学研修。"和"学校先后……高度评价。"这几个段落,设置【首行缩进】为"2 字符"。

步骤 3:设置行距

按住【Ctrl】+【A】组合键,选中全文,在【段落】对话框中,设置【行距】为"1.5 倍行距",单击【确定】按钮。

步骤 4:设置段间距

选中"学校简介",在【段落】对话框中,设置【段前】和【段后】均为"1 行",如图 2-46 所示,单击【确定】按钮。

步骤 5:设置段落项目符号

选中"学校简介",单击【开始】选项卡的【段落】组中的【项目符号】按钮 右侧的下拉菜单,选择如图 2-47 所示的彩色项目符号 。

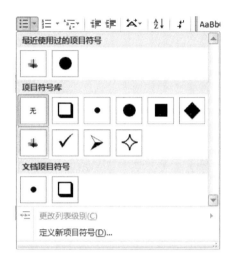

图 2-46　设置行距和段间距　　　　　　　　　图 2-47　设置项目符号

步骤 6：使用格式刷

（1）选中"学校简介"，单击【开始】选项卡【剪贴板】组中的【格式刷】按钮 ✍ 格式刷，则鼠标变成一个刷子的形状，此时，依次选中"办学条件""学科建设""队伍建设""开放办学""硕果累累"文字，则相应的文字便具有与"学校简介"一样的格式。

（2）单击【保存】按钮保存文档，以上设置的效果如图 2-48 所示。

华南理工大学广州学院

♣ 学校简介

华南理工大学广州学院（原华南理工大学广州汽车学院）是教育部批准设立的一所以工科为主，经济、管理、文学、理学、艺术协调发展的多科性大学。主办方华南理工大学是国家 211、985 工程重点建设大学。学校位于广州市花都区，山清天朗水、出他天马河，校园内地势绵延起伏，建筑错落有致，绿树成荫，花香迷溢，是读书治学的理想园地，被学生称为广州最美的大学之一。

♣ 办学条件

学校占地面积 1723 亩，已完成基建规模 50 万平方米，公共教学楼、行政办公楼、实验楼、工程训练中心、信息中心、图书馆、室内体育中心、学生活动中心、游泳池等教学设施错落有致配套齐全，图书馆藏书 75.4 万册、电子图书 20 万册，学校特别注重实验实习基地的建设，投入巨资建成了 5 个基础实验中心和 9 个专业实验中心共 138 个实验室，为培养高素质应用型人才提供了强有力的支撑。2008 年生均教学仪器设备价值居出广东省所有高校中排名第五。

♣ 学科建设

学校现有汽车工程学院，机械工程学院，电子信息工程学院，电气工程学院，计算机工程学院，经济学院，管理学院，外国语学院，珠宝学院，建筑学院，土木工程学院，中兴通讯 3G 学院、国际旅游学院及国际汉语师学院 14 个二级学院，设置车辆工程、机械工程及自动化、通讯工程、电气工程及自动化、计算机科学与技术、国际经济与贸易、土木工程、建筑学、艺术设计、英语等 29 个专业，2011 年学校以优秀成绩通过了独立学院学士学位授予权评审，目前，在校生人数达到 16000 多人。

♣ 队伍建设

学校作为华南理工大学唯一的独立学院，华工非常重视学院的建设和发展，并将其作为教育改革和创新办学模式的重要组成部分。在人事安排上，由华工一名常务副校长任广州学院校长，选派若名教授、管理骨干 40 多人任学科带头人、课程负责人，在师资队伍建设上，实行"对口支持"，由广州华工一名二级学院，学校设有专任教师 843 人，专任教师中副高以上职称占 41%，其中广东省教学名师 4 人，原华工教学名师 8 人，国家级精品课程负责人 2 人，省级精品课负责人 5 人。

♣ 开放办学

学校极极引进国（境）外优质智力资源和教育资源，开展全方位、多层次、宽领域的国际交流与合作。

先后与英国、加拿大、美国、法国、荷兰、澳大利亚等十多个国家和台湾地区建立合作关系，与 25 所院校签订了合作意向书，开展广泛深入的学术交流和科研合作。近 500 名学生参加国外高校留学、学术交流、2+2、3+1 国际交换生项目。

学校与英国托马斯大学校联合举办"中英学院"，与斯特合作举办的宝石及材料工程学（珠宝鉴定与营销）专业是教育部批准的"中外合作办学项目"。学校还与台湾树德科技大学联合举办工业设计专业。

2012 年，学校设立了国际交流基金，每年拿出 100 万元以全额、半额及港外补等多种奖励形式，资助或资优异的学生赴海外留学研修。

♣ 硕果累累

学校先后获得"中国最具就业竞争力院校"、"全国学生最信赖的十佳独立学院"、"全国最具品牌影响力独立学院"等称衔。在《中国大学排行榜》中学校连续 4 年蝉联全国独立学院二十强，在建校 5 周年庆典上省教育厅领导给予了"本科应用人才培养的典范，独立学院规范办学的典范，与产业结合办学的典范，应用型人才教育教学创新的典范"四个典范"的高度评价。

图 2-48　对齐、首行缩进、行距、段间距、项目符号、格式刷的设置效果

步骤 7：设置段落底纹

选中正文的第四段落（"学校占地……排名第五。"），在【开始】选项卡的【段落】组中的【边框】下拉菜单▦▾中选择【边框和底纹】选项，在弹出的【边框和底纹】对话框的【底纹】选项卡中，选择【填充】为"白色，背景 1，深色 15%"，并且【应用于】选项中选择"段落"，如图 2-49 所示，单击【确定】按钮。

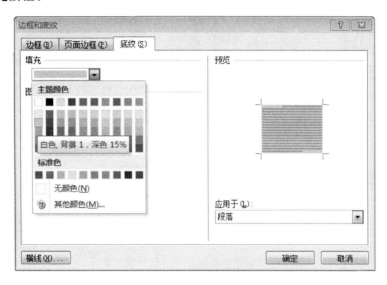

图 2-49　设置段落底纹

步骤 8：设置段落边框

（1）选中正文的第六段落（"学校现有……达到 16 000 多人。"），在【边框和底纹】对话框的【边框】选项卡中，选择"方框、实线、红色、1.0 磅"，并且【应用于】选项中选择"段落"，如图 2-50 所示，单击【确定】按钮。

图 2-50　设置段落边框

（2）单击【保存】按钮保存文档，以上设置的效果如图 2-51 所示。【关闭】文档。

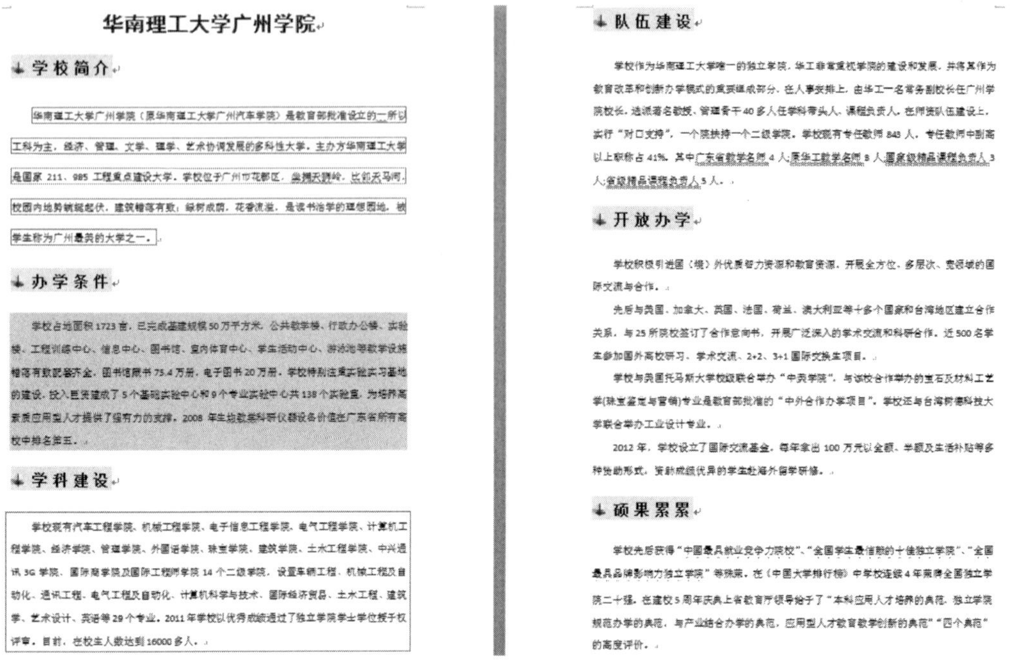

图 2-51　段落底纹和段落边框的设置效果

任务3　样式

步骤1:应用样式

（1）打开"实验四-任务 3.docx"文档。选中"目录"，在【开始】选项卡的【样式】组中，选择"标题1"选项，如图 2-52 所示，可以看到"目录"二字变成 Word 2010 所默认的"标题1"的格式了，选中"第一章绪论"，用同样的方法将其设为"标题1"。

图 2-52　应用样式"标题1"

（2）单击【开始】选项卡的【样式】组右下角的对话框启动器，在弹出的【样式】对话框中选择右下角的【选项】按钮，在弹出的【样式窗格选项】的【选择要显示的样式】选项中，选择【所有样式】选项，如图 2-53 所示，则所有的默认样式均显示在【样式】对话框中，如图 2-54 所示。

（3）依次选中"1.1 存储程序式计算机""1.2 操作系统的形成和发展""1.3 操作系统的基本概念""1.4 操作系统的特性及其应解决的基本问题""1.5 分析和设计操作系统的几种观点"，将它们设置成"标题2"。设置后的效果如图 2-55 所示。单击【保存】按钮保存文档。

图 2-54　显示所有样式

图 2-53　设置显示所有样式

目录

第一章　绪论

操作系统始终是计算机科学和工程的一个重要研究领域。一个新的操作系统往往是汇集计算机发展中一些传统的研究成果和技术，以及现代，当代计算机的科学成果的一组系统软件。它不仅很好地体现了计算机日常发展中的软件研究成果，而且也较好地体现了计算机的硬件技术发展及计算机系统结构进的发展成果。操作系统课是计算机专业有较多本的重点课程，是学生学习了计算机的基础知识及计算机语言之后的一个新的更要的课时，通过对操作系统的学习，学生就可以从对计算机的基本了了解上升到对整体系统的软件、硬件体系的了解。

1.1　存储程序式计算机

人们在科学实验、生产斗争和社会实践中需要大量问题，如科学计算、数据处理及各种管理问题等，要解决这些问题，首先需要分析所研究的对象，提出对问题的形式定义和验出求解方法的形式化描述。对问题的形式化定义对做数学模型，同对做数学方法的形式描述称为算法，其次是必须具备求取算法的工具或设备，我们一个简单的求取一次计算。显然，一个计算题与算法有关，也与实现该算法的工具有关，算法和实现算法的工具是密切联系在一起的，二者互相影响，互相促进。

1.2　操作系统的形成和发展

操作系统在现代计算机中起着相当重要的作用。它是由于密现的需要而产生，随着计算机技术的发展和计算机应用的目益广泛而逐渐发展和完善的。它的功能也越来越强，它在计算机系统中的地位也不断揭高，以致成为系统的核心。我们研究操作系统的形成和发展是一种历史的观点去分析操作系统，以便从中体会到操作系统产生的必然性和促使它发展的根本原因。第一台电子计算机于 1946 年问世，此后，计算机无论在其运算速度、存储容量、外部设备的功能和种类等方面都有了惊人的发展和揭高。

1.3　操作系统的基本概念

硬件是指通成计算机的任何机械的、磁性的、电子的装置或部件。硬件也称为硬设备，它是由中央处理机（包括除理系统、中断系统）、存储器（包括除缓保护、存储管理部件）和外部设备等组成的。它们构成了系统本身和用户作业是以活动的物质基础环境，由此些硬部件组成的机器称为裸机。然而用户是不喜欢模式这种工作环境，因为裸机上没有任何一种可以协

助他们解决问题的手段。用户编出的使用技术是多方面的，在功能上是非常复杂的，若把这一切都交验硬件完成，这不仅是硬件功能上可不同，在成本上远不合算，而且对于用户使用机器都会造成了巨大的阻碍。因此，对用户的许多功能，特别是那些复杂而又灵活的功能可以通过编制程序来实现。对这样一类种性程序里的了化之分计算机系统程序（或软系统软件）。为了方便用户的计算机，通常为计算机配置各种系统软件去扩充机器的功能。此外，还有大量了解决用户具体问题的应用程序，如用于计算、管理、控制等方面的程序。因此，软件就是为了方便用和充分发挥计算机效能的各种程序的总称。

·1.4 操作系统的特性及其应解决的基本问题

目前广泛使用的计算机仍然是以顺序计算为基础的存储程序式计算机。但是，为了充分利用计算机系统的资源，一般采用多个程序批用多台的策略，以顺序计算为基础的计算机系统很元满并行处理的功能，必须要取并发执的不要，以增理程序设计为基础的操作系统必然反映这一特性。另外，由于操作系统要随时以理各种各样的外事件，所以它也包含着不确定性的特性。

·1.5 分析和设计操作系统的几种观点

操作系统是一种大型复杂的系统软件，为了系统地研究、分析它的基本功能、组成部分、工作过程以及体系结构，人们对这些问题省者从不同的角度采用不同的观点剖析它的结构，分析和实现它的功能。

图 2-55　应用样式"标题 1"效果

步骤 2: 修改样式

（1）在【开始】选项卡的【样式】组中，鼠标右键选择"标题 1"，在弹出的【右键快捷菜单】中，

选择【修改】选项，如图 2-56 所示，弹出【修改样式】对话框。

（2）在【修改样式】对话框中，设置"标题 1"的样式为"黑体、二号、加粗、红色、居中"，如图 2-57 所示。

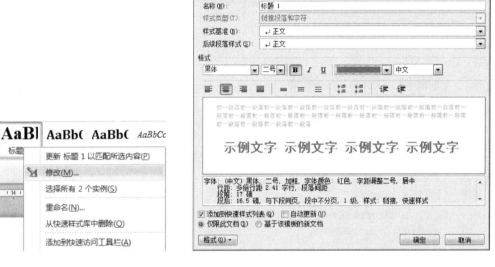

图 2-56　选择"修改"样式　　　　　图 2-57　修改"标题 1"的基本样式

（3）单击【修改样式】对话框左下角的【格式】按钮，选择【段落】选项，在弹出的【段落】对话框中，设置"段前及段后间距均为 0.4 行，单倍行距"，如图 2-58 所示，单击【确定】按钮，效果如图 2-59 所示，可以看到刚才设置了 Word 2010 所默认的"标题 1"格式的"目录"和"第一章绪论"的格式发生了变化，变成了新的"标题 1"的格式。

图 2-58　修改"标题 1"的段落样式　　　　　图 2-59　修改"标题 1"效果

（4）用同样的方法，把"标题 2"的样式修改为"四号、楷体、加粗、蓝色、左对齐，段前间距为0.2 行，单倍行距"，效果如图 2-60 所示。

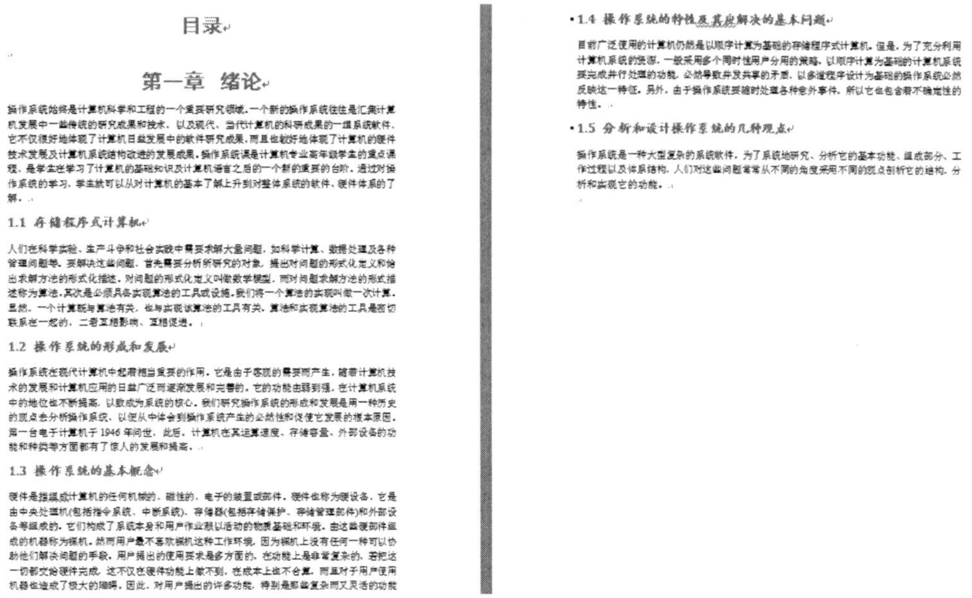

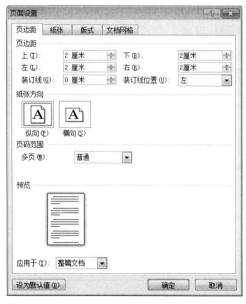

图 2-60　修改"标题 2"效果

任务 4　设置页面的格式

步骤 1：设置页边距

单击【页面布局】选项卡的【页面设置】组中的【页边距】下拉菜单，选择【自定义边距】，弹出【页面设置】对话框，把【页边距】的"上""下""左""右"边距均设置成"2 厘米"，如图 2-61 所示，单击【确定】按钮。

图 2-61　设置页边距

步骤 2:设置纸张方向和大小

【页面设置】对话框中,在【纸张方向】处选择"纵向";在【纸张】选项卡中,选择【纸张大小】为"A4"(宽度 29.7 厘米,高度 21 厘米),单击【确定】按钮。设置后的效果如图 2-62 所示。

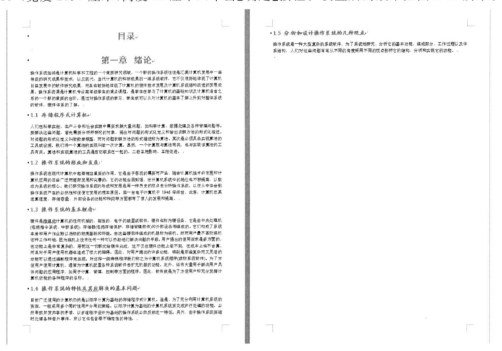

图 2-62　纸张方向和大小设置效果

步骤 3:插入分页符

将鼠标放置于"第一章绪论"之前,在【插入】选项卡的【页】组中点击【分页】按钮,则从"第一章绪论"开始的所有内容在新的一个页面放置。

步骤 4:设置页面边框

点击【页面布局】选项卡的【页面背景】组中的【页面边框】按钮,在弹出的【边框和底纹】对话框中,选择【页面边框】选项卡,设置"方框""实线""红色""0.5 磅",并在【应用于】处选择"整篇文档",如图 2-63 所示,单击【确定】按钮。

图 2-63　设置页面边框

以上设置的效果如图 2-64 所示。

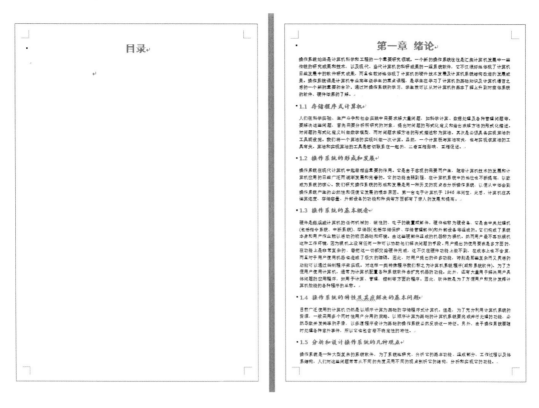

图 2-64　分页、页面边框设置效果

任务 5　页码、页眉与页脚

步骤 1：插入页码

（1）在【插入】选项卡的【页眉和页脚】组，单击【页码】按钮的下拉菜单，选择【页面底端】选项中的"普通数字 3"，则发现在文档每一页的右下角，有一个用阿拉伯数字表示的页码。

（2）设置完后，看到文档呈现一定的透明度，双击文档，则回到普通的页面视图。

步骤 2：插入页眉

（1）在插入页码后，只要鼠标双击一下文档的顶端，可以看到页眉线，在页眉线上输入"操作系统"四个字，使其成为页眉，如图 2-65 所示（如果无法找到页眉线，在【插入】选项卡的【页眉和页脚】组，单击【页眉】按钮的下拉菜单，也可以插入页眉）。

图 2-65　插入页眉效果

（2）再次双击文档，可以退出页眉编辑，回到普通的页面视图。

任务6 目录

步骤1：自动生成目录

把鼠标放置在"目录"下一行，单击【引用】选项卡的【目录】组【目录】下拉菜单中的【插入目录】选项。在弹出的【目录】对话框中，设置"显示级别"为"2级"，如图2-66所示，单击【确定】按钮，效果如图2-67所示。

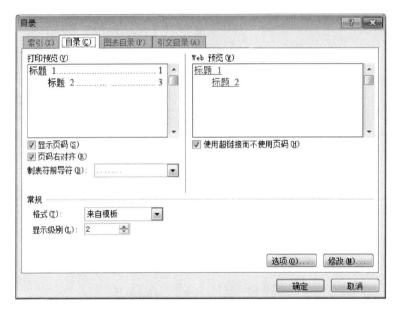

图2-66 插入目录

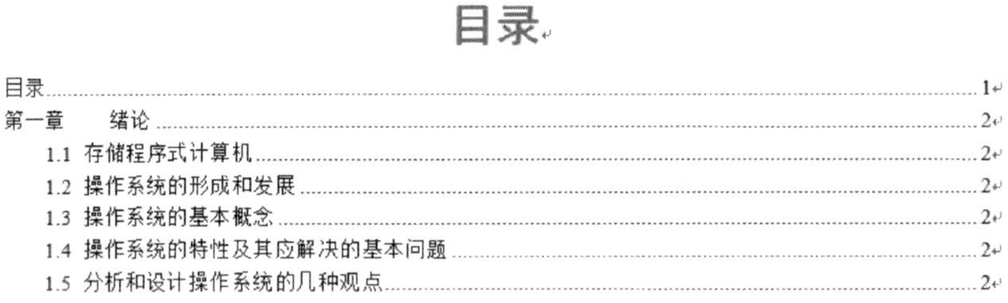

目录

图2-67 插入目录效果

步骤2：修改目录

（1）在【插入】选项卡的【页眉和页脚】组，单击【页码】按钮的下拉菜单，选择【设置页码格式】，弹出【页码格式】对话框，在该对话框中，选择"编号格式"为罗马数字的"Ⅰ,Ⅱ,Ⅲ,…"，如图2-68所示，单击【确定】按钮。

（2）此时，页码就变成了罗马数字"I,II"。

（3）右键选中目录，在弹出的【右键快捷菜单】中，选择【更新域】，在弹出的【更新目录】对话框中，选择"只更新页码"，如图2-69所示，单击【确定】按钮，此时目录上的页码就更新成为罗马数字的形式了。

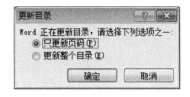

图 2-68 设置页码格式 　　　　　　　　　　　　图 2-69 更新目录

任务 7　其他格式

步骤 1：设置首字下沉

选中正文第一段"操作系统始终……硬件体系的了解。"，单击【插入】选项卡的【文本】组中【首字下沉】的下拉菜单，选择【首字下沉选项】，在弹出的【首字下沉】对话框中，选择"下沉"，设置【字体】为"宋体"，【下沉行数】为"3"，【距正文】"0 厘米"，如图 2-70 所示，单击【确定】按钮。

步骤 2：设置分栏

选中正文第二段"人们在……互相促进。"，单击【页面布局】选项卡的【页面设置】组中的【分栏】下拉菜单，选择【更多分栏】选项，弹出【分栏】对话框。在【分栏】对话框中，选择"两栏""分隔线""栏宽相等"，并设置【间距】为"4 字符"，如图 2-71 所示，单击【确定】按钮。

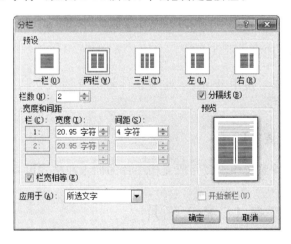

图 2-70 设置首字下沉 　　　　　　　　图 2-71 设置分栏

以上设置完后，效果图如图 2-72 所示。

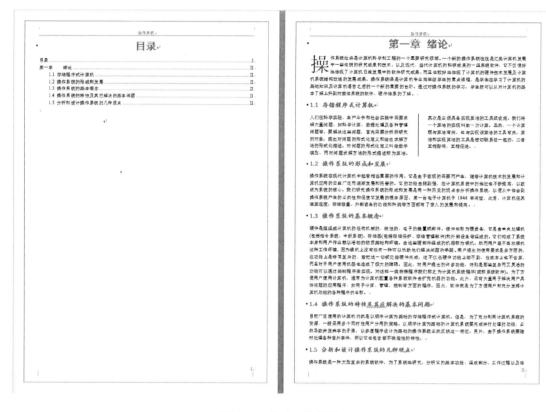

图 2-72　实验四效果图

实验五　Word 2010 的图文混排

【实验目的】

学习使用 Word 字处理软件将图片插入文档的过程，掌握文档中图片格式设置的基本方法。

【实验要求】

按照实验步骤完成文档图片的插入和格式设置。

任务 1　插入图片

（1）打开文档"实验五-任务 1.docx"，将鼠标放置在正文第一段"马尔代夫共和国"之前，单击【插入】选项卡【插图】组中的【图片】选项，在弹出的【插入图片】对话框中选择名为"上帝抛洒人间的项链"的图片，单击【插入】按钮，则该图片插入到指定位置。

（2）将鼠标放置在标题段落"旅游业"● 旅游业 之后，按同样的方法，插入名为"旅游度假"的图片。

（3）将鼠标放置在正文倒数第二段（"到马尔代夫旅游……的名片"）之后，按同样的方法，插入名为"水上屋"的图片。

插入这三幅图片后的效果如图 2-73 所示。

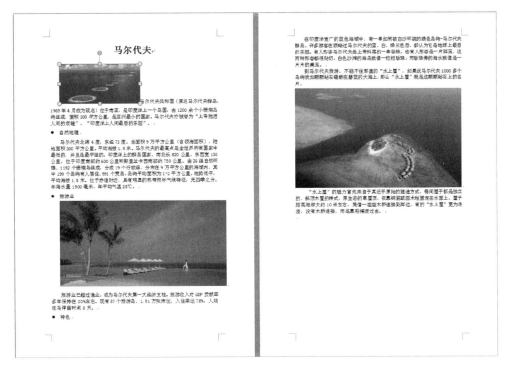

图 2-73　插入图片效果图

任务 2　设置图片格式

步骤 1：设置图片大小

（1）选中第一幅图片，单击鼠标右键，在弹出的【右键快捷菜单】中，选择【大小和位置】，在弹出的【布局】对话框的【大小】选项卡中，将【缩放】的【高度】和【宽度】均设为"30％"，如图 2-74 所示，单击【确定】按钮。

图 2-74　设置图片大小

（2）选中第二幅图片，用同样的方法，将其设置为【缩放】的【高度】和【宽度】均为"25％"。

（3）选中第三幅图片，用同样的方法，将其设置为【缩放】的【高度】和【宽度】均为"38％"。

步骤 2：设置图片的文字环绕方式和位置

（1）选中第一幅图片，在【图片工具】的【格式】选项卡【排列】组中，选择【自动换行】下拉菜单中的【紧密型环绕】选项，并在【对齐】下拉菜单中选择"左对齐"。

（2）选中第二幅图片，用同样的方法，设置文字环绕方式为"四周型环绕"以及"右对齐"。

（3）选中第三幅图片，用同样的方法，设置文字环绕方式为"四周型环绕"以及"右对齐"。

设置后的效果如图 2-75 所示。

马尔代夫

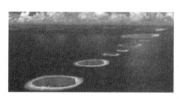

马尔代夫共和国（原名马尔代夫群岛，1969 年 4 月改为现名）位于南亚，是印度洋上一个岛国，由 1200 余个小珊瑚岛屿组成，面积 300 平方公里，是亚洲最小的国家。马尔代夫亦被誉为"上帝抛洒人间的项链"，"印度洋上人间最后的乐园"。

● 自然地理

马尔代夫北纬 4 度，东经 73 度。总面积 9 万平方公里（含领海面积），陆地面积 300 平方公里。平均海拔 1.8 米。马尔代夫的最高点是全世界所有国家中最低的，并且是最平坦的。印度洋上的群岛国家，南北长 820 公里，东西宽 130 公里，位于印度南部约 600 公里和斯里兰卡西南部约 750 公里。由 26 组自然环礁、1192 个珊瑚岛组成，分成 19 个行政组，分布在 9 万平方公里的海域内，其中 199 个岛屿有人居住，991 个荒岛，岛屿平均面积为 1-2 平方公里，地势低平，平均海拔 1.8 米。位于赤道附近，具有明显的热带雨林气候特征，无四季之分。年降水量 1900 毫米，年平均气温 28℃。

● 旅游业

旅游业已超过渔业，成为马尔代夫第一大经济支柱。旅游收入对 GDP 贡献率多年保持在 30％左右。现有 87 个旅游岛，1.91 万张床位，入住率达 78%，人均在马停留时间 8 天。

● 特色

在印度洋宽广的蓝色海域中，有一串如同被白沙环绕的绿色岛屿-马尔代夫群岛。许多游客在领略过马尔代夫的蓝、白、绿三色后，都认为它是地球上最后的乐园。有人形容马尔代夫是上帝抖落的一串珍珠，也有人形容是一片碎玉，这两种形容都很贴切，白色沙滩的海岛就像一粒粒珍珠，而珍珠旁的海水就像是一片片的美玉。

到马尔代夫旅游，不能不住那里的"水上屋"，如果说马尔代夫 1000 多个岛屿犹如颗颗钻石镶嵌在碧蓝的大海上，那么"水上屋"就是这颗颗钻石上的名片。

"水上屋"的魅力首先来自于其近乎原始的建造方式，每间屋子都是独立的，斜顶木屋的样式，原生态的草屋顶，依靠钢筋或圆木柱固定在水面上。屋子距离海岸大约 10 米左右，凭借一座座木桥连接到岸边，有的"水上屋"更为浪漫，没有木桥连接，而是靠船摆渡过去。

图 2-75　图片的文字环绕方式和位置设置效果

实验六　Word 2010 表格的制作

【实验目的】

学习使用 Word 字处理软件处理表格的过程,掌握设置表格格式的基本方法。学会在文档中插入表格,编辑表格内容,对表格进行修改和修饰,使用表格进行简单的数值计算。

【实验要求】

按照实验步骤完成表格的插入与修改,练习对表格的格式进行简单的设置,并对表格中的数据进行简单计算。

任务 1　表格的创建

步骤 1:插入表格

新建 Word 文档,命名为"实验六-任务 1. docx"。单击【插入】选项卡【表格】组中【表格】下拉菜单,选择插入一个 8 行 4 列的表格,如图 2-76 所示。

图 2-76　创建表格

步骤 2:输入数据

向表格中输入如图 2-77 所示的数据。

姓名	语文	数学	英语
张小辉	70	84	66
李临	52	60	71
郑里	88	88	85
章麟	70	65	89
苏小妹	98	96	89
叶肃	95	85	92
朱东茂	78	98	88

图 2-77　表格数据

任务 2　表格的编辑及格式化

步骤 1：表格的增删

（1）选中表格的最后一列，单击鼠标右键，在弹出的【右键快捷菜单】中，选择【插入】列表中的【在右侧插入列】选项，则可看见在原表格的右边增加了一列。在所增加的一列的列标题处填写"总分"二字。

（2）选中表格的最后一行，单击鼠标右键，在弹出的【右键快捷菜单】中，选择【插入】列表中的【在下方插入行】选项，则可看见在原表格的下边增加了一行。在所增加的一行的行标题处填写"平均分"三字。

（3）选中"苏小妹"所在的一行，单击鼠标右键，在弹出的【右键快捷菜单】中，选择【删除单元格】，在弹出的【删除单元格】对话框中，选择【删除整行】，如图 2-78 所示，单击【确定】按钮。

上述增删操作之后，表格如图 2-79 所示。

姓名	语文	数学	英语	总分
张小辉	70	84	66	
李临	52	60	71	
郑里	88	88	85	
章麟	70	65	89	
叶肃	95	85	92	
朱东茂	78	98	88	
平均分				

图 2-78　删除整行　　　　　　　图 2-79　增删行后的效果

步骤 2：设置表格文字格式

（1）选中表格中的文字部分，设置字体的格式为"黑体、四号、加粗"。

（2）选中表格中的分数部分和空白部分，设置格式为"Times New Roman、四号、倾斜"。

步骤 3：设置单元格的对齐方式

选中整个表格，单击鼠标右键，在弹出的【右键快捷菜单】的【单元格对齐方式】中，选择【中部两端对齐】按钮，如图 2-80 所示。

以上设置完的效果如图 2-81 所示。

姓名	语文	数学	英语	总分
张小辉	70	84	66	
李临	52	60	71	
郑里	88	88	85	
章麟	70	65	89	
叶肃	95	85	92	
朱东茂	78	98	88	
平均分				

图 2-80　设置单元格的对齐方式　　　　图 2-81　单元格对齐方式设置效果

步骤 4：设置单元格的底纹

选择表格第一行，单击鼠标右键，在弹出的【右键快捷菜单】中，选择【边框和底纹】选项，在弹出的【边框和底纹】对话框中，选择【底纹】选项卡，选择【填充】颜色为"白色，背景 1，深色 25％"，并在【应用于】选项中选择"单元格"，如图 2-82 所示。

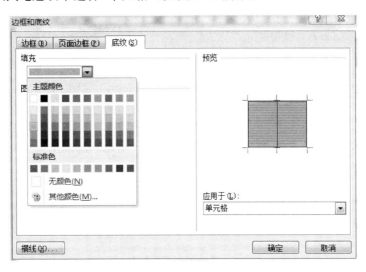

图 2-82 设置单元格的底纹

步骤 5：设置表格行高、列宽

（1）选中整个表格，单击鼠标右键，在弹出的【右键快捷菜单】中，选择【表格属性】，在弹出的【表格属性】对话框中，选择【行】选项卡，并设置行的【指定高度】为"最小值""1.2 厘米"，如图 2-83 所示。

（2）同样，设置列宽为 2 厘米。设置后的效果如图 2-84 所示。

姓名	语文	数学	英语	总分
张小辉	70	84	66	
李临	52	60	71	
郑里	88	88	85	
章麟	70	65	89	
叶肃	95	85	92	
朱东茂	78	98	88	
平均分				

图 2-83 设置行高   图 2-84 表格行高、列宽设置效果

步骤 6：设置表格的边框线

选中整个表格，单击鼠标右键，在弹出的【右键快捷菜单】中，选择【边框和底纹】选项，在弹出的【边框和底纹】对话框中，选择【边框】选项卡，在右侧的"预览"图中，单击如图 2-85 所示用

红色边框标出的几个按钮(几个按钮从上到下、从左到右依次为"上框线""中横线""下框线""左框线""中竖线""右框线"),这样,就可以取消表格的所有框线。

图 2-85　【边框和底纹】对话框

此时表格没有框线了,需要重新设置框线。例如,我们将表格的外框线设置为"红色,1.5磅",将表格的内框线设置为"黑色,1磅"。具体设置如下。

(1) 选择颜色为"红色",宽度为"1.5磅",并在右侧预览图处,单击"上框线""下框线""左框线""右框线"按钮,如图 2-86 所示。

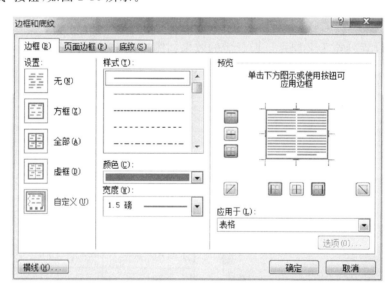

图 2-86　设置表格的外框线

(2) 选择颜色为"黑色",宽度为"1磅",并在右侧预览图处,单击"中横线"和"中竖线"按钮,如图 2-87 所示。

(3) 单击【确定】按钮,设置后的效果如图 2-88 所示。

图 2-87　设置表格的内框线

姓名	语文	数学	英语	总分
张小辉	70	84	66	
李临	52	60	71	
郑里	88	88	85	
章麟	70	65	89	
叶肃	95	85	92	
朱东茂	78	98	88	
平均分				

图 2-88　表格边框线的设置效果

任务 3　表格内数据的排序和计算

步骤 1：表格内数据排序

选中整个表格，在【表格工具】的【布局】选项卡的【数据】组中，选择【排序】选项，弹出【排序】对话框，在该对话框中，设置【主要关键字】为"语文"，按"降序"排序，【次要关键字】为"数学"，按"降序"排序，如图 2-89 所示，单击【确定】按钮。

图 2-89　表格内的数据排序设置

设置效果如图 2-90 所示。

姓名	语文	数学	英语	总分
叶肃	95	85	92	
郑里	88	88	85	
朱东茂	78	98	88	
张小辉	70	84	66	
章麟	70	65	89	
李临	52	60	71	
平均分				

图 2-90　表格内的数据排序效果

步骤 2：表格内数据计算

下面计算每位同学的总分和每门课的平均分,具体操作如下。

（1）将光标放置于表格第二行第五列（即"叶肃"的"总分"）处,在【表格工具】的【布局】选项卡的【数据】组中,选择【公式】选项,弹出【公式】对话框,在该对话框中,设置【公式】为"＝SUM(LEFT)",意为"对此单元格左边的数字单元格求和",如图 2-91 所示,单击【确定】按钮,即可看到,"叶肃"的"总分"变为"272"分,设置效果如图 2-92 所示。

姓名	语文	数学	英语	总分
叶肃	95	85	92	272
郑里	88	88	85	
朱东茂	78	98	88	
张小辉	70	84	66	
章麟	70	65	89	
李临	52	60	71	
平均分				

图 2-91　设置表格内的数据计算：使用 SUM 公式　　图 2-92　表格内的数据计算公式 SUM 的计算效果

（2）将光标放置于第三行第五列（"郑里"的"总分"）处,在【表格工具】的【布局】选项卡的【数据】组中,选择【公式】选项,弹出【公式】对话框,在该对话框中,显示【公式】为"＝SUM(ABOVE)",但由于我们要计算的并不是此单元格上方的数字单元格的和,而是此单元格左侧的数字单元格的和,因此,将"ABOVE"删除,改为"LEFT",即【公式】改为"＝SUM(LEFT)",单击【确定】按钮。

（3）用同样的方法,把其他几名同学的总分求出来。效果如图 2-93 所示。

（4）将光标放置于第八行第二列（"语文"的"平均分"）处,在【表格工具】的【布局】选项卡的【数据】组中,选择【公式】选项,弹出【公式】对话框,在该对话框中,将【公式】中的"SUM(ABOVE)"删除,留下"＝"号,并在"粘贴函数"下拉列表中,选择"AVERAGE",则在【公式】处出现"＝AVERAGE()",在该括号中,填上"ABOVE",则【公式】变为"＝AVERAGE(ABOVE)",意为"计算此单元格之上的数字单元格的平均值",如图 2-94 所示,单击【确定】按钮。

姓名	语文	数学	英语	总分
叶肃	95	85	92	272
郑里	88	88	85	261
朱东茂	78	98	88	264
张小辉	70	84	66	220
章麟	70	65	89	224
李临	52	60	71	183
平均分				

图 2-93　计算总分效果图

图 2-94　设置表格内的数据计算:使用 AVERAGE 公式

(5)用同样的方法,把"数学""英语"和"总分"的平均分都求出来,效果如图 2-95 所示。

姓名	语文	数学	英语	总分
叶肃	95	85	92	272
郑里	88	88	85	261
朱东茂	78	98	88	264
张小辉	70	84	66	220
章麟	70	65	89	224
李临	52	60	71	183
平均分	75.5	80	81.83	237.33

图 2-95　计算平均分效果图

实验七　Word 2010 的打印

【实验目的】

学习使用 Word 字处理软件对文档打印效果进行设置的过程。

【实验要求】

按照实验步骤完成文档打印效果的设置。

任务 1　打印预览

单击【开始】选项卡的【打印】选项,可以看到在页面的最右边,有一个预览窗口,该窗口显示了当前文档的打印效果,如图 2-96 所示,鼠标单击该预览区域,滚动鼠标即可看到文档中各个页面的打印效果。如果当前效果不满意,则可以通过调整【页边距】【纸张方向和大小】等来调整效果,具体操作详见"实验四"的"任务 4"一节。

图 2-96　打印预览

任务 2　打印设置

在单击【开始】选项卡的【打印】选项出现的界面中,中间一栏显示了打印时的其他设置。例如,在【打印】的【份数】处,可以设置要打印的份数;在【打印机】处,可以选择是由哪一台打印机进行打印;在【设置】处,可以设置打印的范围是从文档的哪一页至哪一页,单面打印还是双面打印等。

测　试　一

任务 1

对文档"测试一-任务 1. docx",进行以下操作。

1. 正文设置为宋体、三号字、蓝色(请用自定义标签 RGB 模式:红色 0,绿色 0,蓝色 255)、加字符边框,边框的线型为实线、红色(请用自定义标签 RGB 模式:红色 255,绿色 0,蓝色 0)、宽度 1.5 磅、应用范围为文字。

2. 将文中"这样"替换为"如此"。

3. 将最后一句复制为第二段,并将第二段设置为首字下沉 2 行。

4. 纸张设置为 A4(210 mm×297 mm),横向打印,上下页边距设置为 1.5 厘米,左右页边距设置为 2 厘米,装订线位置设置为上。

任务 2

对文档"测试一-任务 2. docx",进行以下操作。

1. 将标题段("分析:超越 Linux、Windows 之争")的所有文字设置为三号、黄色(请用自定义标签 RGB 模式:红色 255,绿色 255,蓝色 0)、加粗,居中并添加文字蓝色底纹(请用自定义标签 RGB 模式:红色 0,绿色 0,蓝色 255),其中的英文文字设置为 Arial Black 字体,中文文字设置为黑体。

2. 将正文各段文字("对于微软官员……它就难于反映在统计数据中。")设置为五号、楷体(其中英文字体设置为"使用中文字体"),首行缩进 1.5 字符,段前间距 0.5 行。

3. 第一段首字下沉,下沉行数为 2,距正文 0.2 厘米。将正文第三段("同时……对软件的控制并产生收入。")分为等宽的两栏,栏宽为 18 字符。

任务 3

对文档"测试一-任务 3. docx",进行以下操作。

1. 将标题段文字("搜狐荣登 Netvalue 五月测评榜首")设置为小三、宋体、红色(请用自定义标签 RGB 模式:红色 255,绿色 0,蓝色 0)、加单下划线、居中并添加文字蓝色底纹(请用自定义标签 RGB 模式:红色 0,绿色 0,蓝色 255),段后间距设置为 1 行。

2. 将正文各段中("总部设在欧洲的……第一中文门户网站的地位。")所有英文文字设置为 Bookman Old Style 字体,中文字体设置为仿宋,所有文字及符号设置为小四号,常规字形。

3. 将正文各段落左右各缩进 2 字符,首行缩进 1.5 字符,行距为 2 倍行距。将正文第二段("Netvalue 的综合排名……名列第一。")与第三段("除此之外……第一中文门户网站的地位。")合并,将合并后的段落分为等宽的两栏,其栏宽设置成 18 字符。

任务 4

对文档"测试一-任务 4. docx",进行以下操作。

1. 将标题设置为三号、宋体、加粗、居中、字间距为加宽 2 磅;正文部分设置为四号仿宋字体、倾斜、居中、行距 20 磅。

2. 将正文部分("一体化:指中文信息处理……其市场份额独占鳌头。")取消倾斜,前两段加项目符号"◆",正文部分左缩进 2.5 字符、右缩进 2 字符,段前间距 1 行、段后间距 1.5 行,第三段文字加双线下划线。

任务 5

对文档"测试一-任务 5. docx",进行以下操作。

1. 将第二段中的第一处"火箭"替换为"运载火箭"。

2. 第三段段落设置行间距为 2 倍行距,段前间距为 2 行,对齐方式为右对齐。

3. 页面设置为自定义大小(宽度:25 厘米,高度:17.6 厘米)纸张,横向打印,装订线位置设置为上。

任务 6

对文档"测试一-任务 6.docx",进行以下操作。

1. 将文中的两处"南方"全部替换为"江南"。

2. 正文设置为楷体、三号字、对齐方式为右对齐,文字效果为删除线。

3. 纸张设置为 A4 (210 mm×297 mm),上下左右页边距均设置为 2 厘米。

测 试 二

任务 1

对文档"测试二-任务 1.docx",进行以下操作。

1. 将表格中所有单元格的垂直对齐方式设置为居中,水平对齐方式设置为左对齐,将"总计"单元格设置成蓝色底纹(请用自定义标签 RGB 模式:红色 0,绿色 0,蓝色 255)填充。

2. 在表格的最后增加一列,设置不变,列标题为"总学时",计算各学年的总学时(总学时＝(理论教学学时＋实践教学学时)/2),将计算结果插入相应单元格内,再计算四学年的学时总计,插入第 6 行第 4 列单元格内。

任务 2

对文档"测试二-任务 2.docx",进行以下操作。

1. 将文档中的 6 行文字转换成一个 6 行 3 列的表格,再将表格各单元格的垂直对齐方式设置为居中,水平对齐方式设置为右对齐。

2. 将表格的第一行的单元格设置成绿色底纹(请用自定义标签 RGB 模式:红色 0,绿色 255,蓝色 0),再将表格内容按"商品单价"的递减次序进行排序。

任务 3

对文档"测试二-任务 3.docx",进行以下操作。

1. 将文档中的四行文字转换成一个 4 行 5 列的表格,设置表格列宽为 2.4 厘米,行高自动设置。

2. 将表格边框线设置成实线 1.5 磅,表内线为实线 1 磅;第一行加红色底纹(请用自定义标签 RGB 模式:红色 255,绿色 0,蓝色 0)。

任务 4

对文档"测试二-任务 4.docx",进行以下操作。

1. 设置表格列宽 2.6 厘米,行高 0.7 厘米,表格边框为 1.5 磅实线,表内线 1 磅实线。

2. 将表格中所有文字水平居中,所有数字右对齐,按"总产值"降序排序,合计一行仍保持在最下。

任务 5

对文档"测试二-任务 5.docx",进行以下操作。

1. 插入一 5 行 5 列表格,设置列宽为 3.0 厘米,行高为 0.8 厘米,表格外框线设置为 3 磅实线,表内线设置为 0.5 磅实线。

2. 将第一行的 2、3、4、5 列合并成一单元格,将第 1 列的 2、3、4、5 行合并成一单元格。

Word 综合案例——毕业论文的格式设置

1. 案例说明

在大部分本科院校,毕业设计是人才培养计划的一个重要组成部分,学生在大四毕业之前,会综合应用所学知识,进行与专业相关的毕业设计。同时,为了使毕业设计的内容更好地表达和保存,往往需要将毕业设计的过程写成毕业论文。而为了更清晰、更规范地呈现内容,毕业论文常常有相应的格式设置规范。因此,需要熟练掌握 Word 的各种格式设置,才能完成符合要求的毕业论文。

2. 案例目标

(1)掌握对 Word 文字进行编辑的方法。

(2)掌握对 Word 段落进行编辑的方法。

(3)掌握对 Word 页面格式进行编辑的方法。

(4)掌握对 Word 图文混排方法。

(5)掌握 Word 中绘制表格及编辑表格内容的方法。

3. 案例要求

以华南理工大学广州学院的毕业论文格式为例,毕业设计论文的格式应满足以下几点具体要求(案例原始文档为"Word 综合案例素材.docx")。

(1)将文档页边距设置为:上、下页边距 2.54 cm,左、右页边距 2.2 cm。

(2)设置正文文本字体:小四号,中文为宋体,英文为"Times New Roman",行距为固定值 20 磅,段首行缩进 2 个字符。

(3)将"第一章……""第二章……"等以及"摘要""Abstract"设置为第一级标题,将"1.1……""1.2……"等设置为第二级标题,将"1.1.1……""1.1.2……"等设置为第三级标题,各级标题的格式规定如下。

第一级标题:三号,宋体,加粗,左右居中,上下空一行。

第二级标题:小三号,宋体,加粗,居左,上下空一行。

第三级标题:四号,宋体,加粗,居左,不空行。

(注意:要求定义成样式,而非手动逐个设置。)

特殊地,"摘要"二字的字体改为"黑体"。

(4)从第二个一级标题"Abstract"开始,每个一级标题均另起一页。

（5）设置论文的页码,其中,摘要用五号罗马数字"Ⅰ、Ⅱ……"等连续编码,正文部分(从第一章开始),用五号阿拉伯数字连续编码,页码位于页脚居中,页脚的下边距为 15 mm。

（6）页眉标注从论文正文部分(从第一章开始)直至结束;页眉分奇、偶页标注,其中偶数页的页眉为_____华南理工大学广州学院本科毕业设计(论文)说明书_____;奇数页的页眉为章序及章标题,例如:_____第一章　绪论_____;页眉文字大小为五号,页眉居中置于页面上部,页眉的上边距为 15 mm,页眉线为 1.5 磅粗的实线。

（7）在英文摘要(Abstract)页后另起一页插入目录,其中,"目录"二字设置为:黑色、小三号、宋体、加粗、左右居中、上下空一行,目录中的"摘要""Abstract"和各章题序及标题设置为:小四号、宋体、加粗、居左;其余用小四号、宋体,行距为固定值 20 磅;各章目录之间空 1 行;目录页的页码与摘要及 Abstract 页的页码格式一致,并由上述两页连续编码下来。

（8）文中所有图片及图题,表格及表题,均居中;图题、表题及表格内字体大小为五号。

第三章　Excel 2010 电子表格

实验一　工作表的基本操作

【实验目的】

学习 Excel 2010 电子表格的基本制作过程，掌握表格制作的基本方法；掌握不同格式数据的输入方法；掌握对工作表管理的基本操作——工作表的插入、删除、重命名、移动与复制等；掌握工作表内数据的基本编辑——选择、移动、复制、删除与清除等；掌握浏览工作表的基本方法。

【实验要求】

按照实验步骤，依次熟悉 Excel 2010 的制作表格的基本方法、数据填充、工作表的基本编辑和管理操作。

任务 1　认识 Excel 2010 基本界面

步骤 1：打开 Excel 2010 工作区窗口

启动 Excel 2010，进入其工作区窗口，如图 3-1 所示。

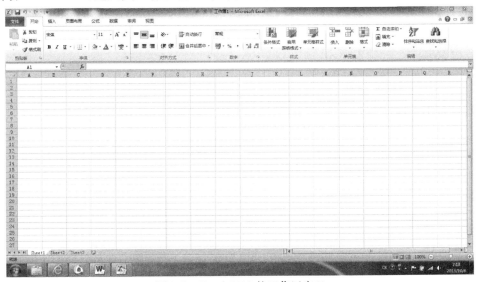

图 3-1　Excel 2010 的工作区窗口

步骤 2：设置功能区选项卡

打开任一功能选项卡，在选项卡空白位置，单击鼠标右键，弹出【右键快捷菜单】，如图 3-2 所示。

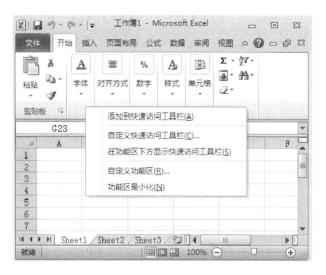

图 3-2　设置工作区图

（1）从打开的【右键快捷菜单】中选择【自定义功能区（R）…】，出现【Excel 选项】对话框，如图 3-3 所示。在功能区添加命令按钮时，需要首先在右侧【主选项卡】列表中选择一个功能区选项，如【开始】，然后新建一个功能区组，再从对话框左侧列表中选择要添加的命令按钮，单击【添加（A）>>】按钮，选择的命令按钮就会被添加到新建的功能区组。

图 3-3　【Excel 选项】对话框

（2）从图 3-2 中的【右键快捷菜单】中，选择【功能区最小化】，就可以使功能区在未使用状态下自动收缩。

步骤 3：新建一个工作簿

启动 Excel 2010 应用程序就可以自动新建一个新的工作簿。也可以执行【文件】选项卡的【新建】选项，如图 3-4 所示，在【可用模板】中双击【空白工作簿】来新建一个工作簿。

图 3-4　新建工作簿图

步骤 4：切换各个工作表

一个新建的工作簿中会有三张默认的工作表，名称分别为"Sheet1""Sheet2"与"Sheet3"，可利用工作簿窗口左下角的标签滚动按钮左右移动，显示工作表标签，如图 3-5 所示。

图 3-5　工作表标签

步骤 5：保存工作簿

使用组合键【Ctrl】+【S】可以保存文档，或者执行【快速访问工具栏】中的【保存】按钮。第一次保存时，会弹出【另存为】对话框，将此工作簿文件命名为"实验一-任务 1. xlsx"，选择存放目录后单击【保存】按钮。之后执行保存操作时，会默认地将当前信息保存在原文档中。

步骤 6：另存工作簿

执行【文件】选项卡的【另存为】选项，弹出【另存为】对话框，将此工作簿文件另存为"实验一-任务 2. xlsx"，选择存放目录后单击【保存】按钮。

步骤 7：关闭工作簿

执行【文件】选项卡的【退出】选项，退出 Excel 2010 程序。

任务 2 输入数据

步骤 1：打开文件"实验一-任务 2.xlsx"

启动 Excel 2010，执行【文件】选项卡下的【打开】选项，弹出【打开】对话框，进入任务 1 步骤 6 另存为的"实验一-任务 2.xlsx"文件所在的目录，选择此文件，单击【打开】按钮。

步骤 2：输入数字

鼠标单击选中 A1 单元格，输入"666666"，按【Enter】键，数字"666666"便被输入 A1 单元格中。使用鼠标调整 A1 单元格的宽度，查看其中数据内容格式的变化。如图 3-6 所示。

步骤 3：输入字符串

（1）鼠标单击选中 B1 单元格，输入"abcdef"，按【Enter】键，则字符串"abcdef"被输入 B1 单元格。如图 3-6 所示。

（2）鼠标单击选中 B2 单元格，输入"'123456789012"，按【Enter】键，字符串"'123456789012"便被输入 B2 单元格中。如图 3-6 所示。使用鼠标调整 B2 单元格的宽度，查看其中数据内容格式的变化。注意分辨 A1 与 B2 单元格不同的对齐方式，以及 B2 单元格左上方的三角形。

思考：为什么输入时需要在 123456789012 前添加单引号？

（3）使用 Excel 的记忆功能。

在 B3 单元格内输入"广州"，当在 B4 单元格内输入"广"字时，B4 单元格内会自动增加反白显示的"州"字，这种情况称为记忆式输入。当所输入的内容部分和前面的内容相同时，Excel 2010 会自动将前面单元格中输入的内容作为建议反白显示出来。如图 3-6 所示。

步骤 4：输入日期

在 C1 单元格中输入"2013-09-01"或"2013/09/01"，然后在 C2 单元格中输入"09-01"或"09/01"或"9/1"。输入结果如图 3-7 所示，试分析原因。

步骤 5：输入分数

在 D1 单元格中输入"0 1/3"，注意"0"和"1"之间有一个空格，就得到分数"1/3"；而直接输入"1/3"，则得到日期"1 月 3 日"。在 D2 单元中输入"2 1/4""2"和"1"之间空一格，输入结果如图 3-7 所示，查看单元格及编辑栏中显示的数字是否相同，分析原因。

步骤 6：输入负数

在 E1 单元格中输入负数时，可以在数字前直接加"负号"，如"－2"，也可以直接输入"(2)"，在单元格中都会显示"－2"，输入结果如图 3-7 所示。

	A	B	C
1	666666	abcdef	
2		123456789012	
3		广州	
4		广州	

图 3-6 数字与字符串的输入结果

C	D	E
2013/9/1	1/3	-2
9月1日	2 1/4	

图 3-7 日期、分数和负数的输入结果

步骤 7：添加一系列相同的数据

（1）在 F1 单元格中输入"实验一"，选中该单元格，把鼠标移动到该单元格右下角的填充柄处,在鼠标变成黑色"＋"后,按住鼠标左键向下拖动鼠标,则拖动经过之处所有单元格都被填充为"实验一",如图 3-8 所示。

(2) 选中 G2 单元格,按下【Ctrl】键,使用鼠标左键依次单击选中 G5、G7、G9 共四个不连续的单元格后释放【Ctrl】键,然后输入"任务 2",再按【Ctrl】＋【Enter】组合键,则 G2、G5、G7、G9 单元格都被填充为"任务 2",如图 3-8 所示。

步骤 8:添加等差数列

在 H1 和 H2 单元格中分别输入数字"1"与"3",然后选中这两个单元格,把鼠标移动到选中区域右下角的填充柄处,在鼠标变成黑色"＋"后,按住鼠标左键向下拖动鼠标,则拖动经过之处所有单元格被以等差因子为 2 的数列依次填充,如图 3-8 所示。

F	G	H
实验一		1
实验一	任务2	3
实验一		5
实验一		7
实验一	任务2	9
实验一		11
实验一	任务2	13
实验一		15
实验一	任务2	17
实验一		19

图 3-8 相同数据和等差数列输入结果

步骤 9:添加等比数列

在 I1 单元格中输入数字"2",然后执行【开始】选项卡,单击【编辑】组【填充】下拉菜单,从中选择【系列】选项,打开【序列】对话框,如图 3-9 所示。对【序列】对话框执行如下设置。

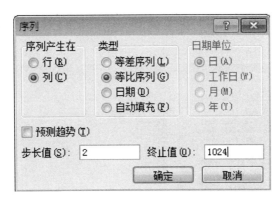

图 3-9 【序列】对话框

(1) 由于要在列中产生数据,则"序列产生在"选择【列】。

(2) 填入的是等比数据,因此,"类型"选择【等比序列】。

(3) 根据实际情况,"步长值"设置为"2",若要填充 10 项,则计算 2^{10} 为 1024,终止值设置为"1024",如图 3-12 所示。

步骤 10:生成"实验一"到"实验七"的重复序列

(1) 执行【文件】选项卡,选择【选项】,打开【Excel 选项】对话框,从对话框左侧列表中选择

【高级】选项,向下拖动对话框右侧垂直滚动条,使右侧窗格中显示【常规】选项的内容,如图 3-10 所示。

图 3-10 【Excel 选项】对话框

(2) 单击【常规】选项下的【编辑自定义列表(O)…】按钮,打开【自定义序列】对话框,如图 3-11 所示。

图 3-11 【自定义序列】对话框

（3）在"输入序列"框中输入"实验一"到"实验七"，以【Enter】键分割。单击【添加】按钮，将自定义序列添加至左侧列表，再单击对话框中的【确定】按钮保存操作。

（4）在"实验一-任务2.xlsx"文档的J1中输入"实验一"，选中此单元格把鼠标移动到该单元格的右下角的填充柄处，在鼠标变成黑色"＋"后，按住鼠标左键向下拖动鼠标，完成序列的输入。输入结果如图3-12所示。

I	J
2	实验一
4	实验二
8	实验三
16	实验四
32	实验五
64	实验六
128	实验七
256	实验一
512	实验二
1024	实验三

图 3-12　等比数列、自定义序列输入结果

步骤 11：保存"实验一-任务 2.xlsx"

单击快速访问工具栏中的【保存】按钮完成"实验一-任务 2.xlsx"，再将此文档另存为"实验一-任务 3.xlsx"。

任务 3　工作表基本操作

步骤 1：打开文件"实验一-任务 3.xlsx"

步骤 2：插入工作表

单击窗口下方工作表标签"Sheet3"右侧的【插入工作表】按钮，可以看到在最右侧新增一个工作表，被命名为"Sheet4"。

步骤 3：删除一个工作表

选定工作表"Sheet2"，在其标签上右键单击，如图 3-13 所示，选择【删除】选项，即可完成工作表"Sheet2"的删除。

图 3-13　删除工作表

步骤 4：重命名一个工作表

在工作表"Sheet1"上右击，选择【重命名】选项，或直接在标签上双击，此时标签便变为了

可编辑的状态,按【Backspace】键,删除旧的表名,然后输入标签名"实验一",按【Enter】键完成修改,修改结果如图 3-14 所示。

图 3-14 重命名工作表

步骤 5:在工作簿内移动工作表位置

选中工作表标签"实验一",按住鼠标左键不放,拖动到指定的位置后释放鼠标左键,完成此表在当前工作簿内的移动,移动结果如图 3-15 所示。

图 3-15 在工作簿内移动工作表

步骤 6:复制一个工作表

(1) 选中工作表标签"实验一",按下【Ctrl】键,同时按住鼠标左键不放,拖动到指定的位置后释放鼠标左键,完成表的复制,结果如图 3-16 所示。

图 3-16 复制工作表

(2) 打开工作表"实验一",单击名称框下方左侧行号和列号的交叉位置选中整张工作表,在选中的位置右击,从【右键快捷菜单】中选择【复制】选项。打开工作表"Sheet4",在 A1 单元格上右击,从【右键快捷菜单】中选择【粘贴】选项,就可以将工作表"实验一"中的所有内容复制到"Sheet4"中。结果如图 3-17 所示。

	A	B	C	D	E	F	G	H	I	J
1	666666	abcdef	2013/9/1	1/3	-2	实验一		1	2	实验一
2		123456789	9月1日	2 1/4		实验一	任务2	3	4	实验二
3		广州				实验一		5	8	实验三
4		广州				实验一		7	16	实验四
5						实验一	任务2	9	32	实验五
6						实验一		11	64	实验六
7						实验一	任务2	13	128	实验七
8						实验一		15	256	实验二
9						实验一	任务2	17	512	实验二
10						实验一		19	1024	实验三
11										
12										
13										
14										
15										
16										
17										
18										
19										
20										
21										
22										
23										
24										
25										
26										
27										

图 3-17 复制工作表中所有内容

步骤 7：修改一个工作表的标签颜色

鼠标右击工作表标签"实验一（2）"，在弹出的【右键快捷菜单】中选择【工作表标签颜色】选项，出现【主题颜色】菜单，如图 3-18 所示。单击选择其中的颜色完成工作表标签颜色修改。

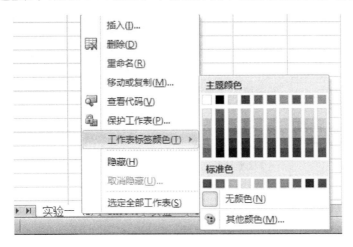

图 3-18　修改工作表标签颜色

步骤 8：保存"实验一-任务 3. xlsx"

单击【保存】按钮完成"实验一-任务 3. xlsx"，再将此文档另存为"实验一-任务 4. xlsx"。

任务 4　编辑工作表

步骤 1：打开文件"实验一-任务 4. xlsx"

步骤 2：选择单元格

选定工作表"实验一（2）"。在【名称框】中输入"Z35"，按【Enter】键，单元格便被定位到 Z35 的位置。

步骤 3：选择矩形区域 B1：F7

在 B1 单元格上按住鼠标左键不放，移动鼠标到 F7，或选择 B1 单元格，然后按【Shift】键，再单击 F7 单元格，或在【名称框】中输入"B1：F7"，按【Enter】键都可完成选中此矩形区域。

步骤 4：移动矩形区域 B1：F7 至 A7：E13

首先将光标移动到所选区域的边框上，在光标上出现"✛"形状后，按住鼠标左键拖动到目的位置后松开即可。注意在拖动过程中，边框线为虚线，或者使用【剪切】和【粘贴】选项完成移动操作。移动结果如图 3-19 所示。

	A	B	C	D	E	F	G	H	I	J
1	666666							1	2	实验一
2							任务2	3	4	实验二
3								5	8	实验三
4								7	16	实验四
5							任务2	9	32	实验五
6								11	64	实验六
7	abcdef	2013/9/1	1/3	-2	实验一		任务2	13	128	实验七
8	123456789	9月1日	2 1/4		实验一	实验一		15	256	实验一
9	广州				实验一	实验一	任务2	17	512	实验二
10	广州				实验一	实验一		19	1024	实验三
11					实验一					
12					实验一					
13					实验一					

图 3-19　矩形区域移动结果

步骤5：选择性粘贴

复制"实验一(2)"工作表 A1 单元格中内容，在 D7 单元格上单击鼠标右键，在弹出的【右键快捷菜单】中，选择【选择性粘贴】，弹出【选择性粘贴】对话框，选择【运算】选项中【加】，如图 3-20 所示，单击【确定】按钮，查看 D7 单元格中的数据。

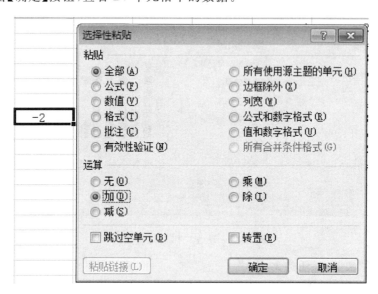

图 3-20　【选择性粘贴】对话框

步骤6：复制选中的矩形区域

选择"实验一"工作表的矩形区域 B1:F7。首先将光标移动到所选区域的边框上，在光标上出现"✛"形状后，首先按住【Ctrl】键不放，再按住鼠标左键拖动到目的位置后松开，或者使用【复制】和【粘贴】选项完成复制操作。

步骤7：插入单元格

选择"实验一"工作表的单元格 F9，在其上右击，选择【插入】选项，弹出【插入】对话框，选择【活动单元格下移】选项，如图 3-21 所示。

步骤8：删除单元格

选择"实验一"工作表的单元格 F11，在其上右击，选择【删除】选项，弹出【删除】对话框，选择【下方单元格上移】选项，如图 3-22 所示。

图 3-21　插入单元格

图 3-22　删除单元格

步骤 9:清除单元格中的内容

选择"实验一"工作表的区域 A1:C10,按【Delete】键,则单元格中的内容被清除。

步骤 10:查找和替换

(1) 单击【开始】选项卡中【编辑】组的【查找和选择】选项,选择【查找】选项,或按下快捷键【Ctrl】+【F】调出【查找和替换】对话框,单击【选项】按钮,显示明细设置项。

(2) 在"查找内容"栏输入"实验一",范围选择"工作表"。单击【查找全部】按钮,如图 3-23 所示。

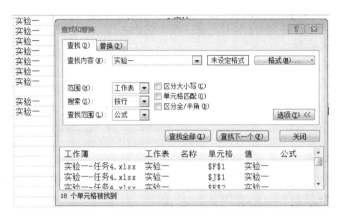

图 3-23　查找单元格结果

(3) 在【查找和替换】对话框中选择【替换】选项卡,在【替换为】栏输入"替换",选择全部替换,如图 3-24 所示。

图 3-24　替换单元格结果

步骤 11:插入批注

(1) 选择"实验一"工作表中的单元格 F7,在其上右击,选择【插入批注】选项。

(2) 在批注编辑框中输入批注的内容。批注的编辑者会获取一个系统的默认值,如图 3-25 所示的"WPA",用户也可以对此项进行编辑。

(3) 输入完成后,单击在编辑框外的区域即可。批注插入的结果如图 3-25 所示。

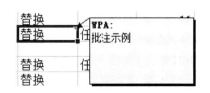

图 3-25　批注插入后的结果

步骤 12：定义单元格名称

（1）选择"实验一"工作表 E7 单元格，单击【公式】选项卡【定义的名称】组中【定义名称】选项，打开【新建名称】对话框，在【名称】栏输入"定义单元格名称示例"，如图 3-26 所示。

图 3-26　【新建名称】对话框

（2）单击【确定】按钮，再次选中 E7 单元格，可以看到【名称框】中显示的已经不是"E7"，而是"定义单元格名称示例"，结果如图 3-27 所示。

定义单元格名称示例				
	A	B	C	D	E
1				1/3	-2
2				2 1/4	
3					
4					
5					
6					
7					

图 3-27　定义单元格名称结果

步骤 13：保存"实验一-任务 4.xlsx"

单击【保存】按钮完成"实验一-任务 4.xlsx"，再将此文档另存为"实验一-任务 5.xlsx"。

任务 5　工作表窗口操作

步骤 1：打开"实验一-任务 5.xlsx"

步骤 2：隐藏和显示工作表

打开"实验一（2）"工作表，选择【开始】选项卡【单元格】组【格式】下拉菜单【隐藏和取消隐藏】菜单的【隐藏工作表】选项，如图 3-28 所示。要取消隐藏的工作表，选择【开始】选项卡【单元格】组【格式】下拉菜单【隐藏和取消隐藏】选项菜单的【取消隐藏工作表】选项。

步骤 3：冻结表格

选择"实验一（2）"工作表中的 B2 单元格，选择【视图】选项卡【窗口】组【冻结窗格】下拉菜单的【冻结拆分窗格】选项，冻结工作表"实验一（2）"的第一行和第一列，取消冻结，需要执行

【视图】选项卡【窗口】组【冻结窗格】下拉菜单的【取消冻结窗格】选项，如图 3-29 所示。

图 3-28　隐藏和显示工作表

图 3-29　冻结窗格

步骤 4：拆分窗口

选择"实验一（2）"工作表中的 B2 单元格，执行【视图】选项卡【窗口】组的【拆分】选项，将工作表"实验一（2）"拆分成 4 个窗口分别显示其内容，结果如图 3-30 所示。取消拆分，需要执行相同的操作。

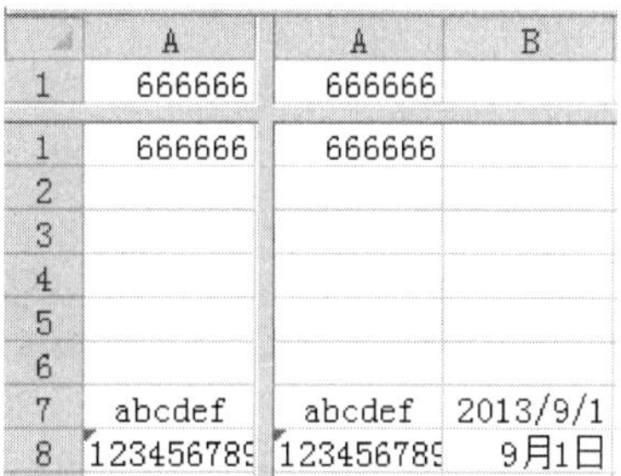

步骤 5：新建窗口

选择"实验一（2）"工作表中【视图】选项卡【窗口】组的【新建窗口】选项。原窗口被命名为"实验一-任务 5:1"，新的镜像窗口被命名为"实验一-任务 5:2"。

步骤 6：重排窗口

选择"实验一（2）"工作表中【视图】选项卡【窗口】

图 3-30　拆分窗格

组的【全部重排】选项,弹出【重排窗口】对话框,在该对话框中选择【垂直并排】排列方式,选择完成后,单击【确定】按钮,完成窗口重排,如图 3-31 所示。单击窗口上的【关闭】按钮,关闭新建窗口。

步骤 7:隐藏与取消隐藏窗口

选择"实验一(2)"工作表中【视图】选项卡【窗口】组的【隐藏】选项,隐藏当前窗口。选择"实验一(2)"工作表中【视图】选项卡【窗口】组的【取消隐藏】选项,显示隐藏的窗口,如图 3-32 所示。

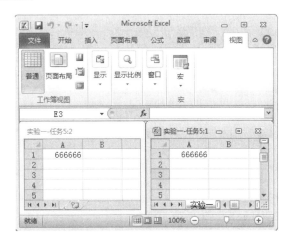

图 3-31 重排窗口

图 3-32 取消窗口的隐藏

步骤 8:保存"实验一-任务 5. xlsx"

单击【保存】按钮完成"实验一-任务 5. xlsx"。

实验二 设置工作表格式

【实验目的】

学习 Excel 2010 电子表格的格式设置方法,掌握对表格的数字格式、对齐格式、字体格式、边框格式、填充格式等操作方法,以及设置条件格式和数据有效性的方法。

【实验要求】

按照实验步骤,依次熟悉 Excel 2010 对表格进行格式化的基本操作。

任务 1 设置数据格式

步骤 1:打开"实验二原始文档. xlsx"工作簿的"任务 1"工作表

在 A1 单元格中输入"123. 456",生成 8 个相同的序列,如图 3-33 所示。

	A
1	123.456
2	123.456
3	123.456
4	123.456
5	123.456
6	123.456
7	123.456
8	123.456

图 3-33 初始的连续序列

步骤 2：设置 A2 单元格的格式

（1）选择单元格 A2，在其上右击，选择【设置单元格格式】选项或【开始】选项卡的【数字】对话框启动器，弹出【设置单元格格式】对话框，如图 3-34 所示。

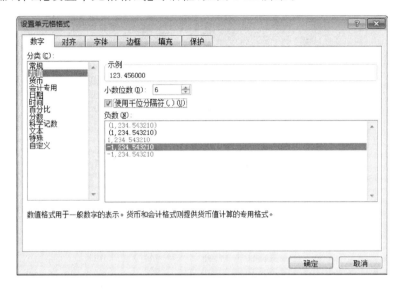

图 3-34　【设置单元格格式】对话框

（2）在【数字】选项卡的分类下选择"数值"，在小数点位框中选择"6"。选中【使用千位分隔符】复选框。"示例"中显示的是最后的单元格数字样式。

步骤 3：设置其余单元格格式

仿照步骤 2，完成剩余单元格 A3：A8 的数据格式设置，最终结果如图 3-35 所示。其中，A3 单元格为货币格式，A4 单元格为会计专用格式，A5 单元格为百分比格式，A6 单元格为分数格式，A7 单元格为科学计数格式，A8 单元格为文本格式。

步骤 4：单击【保存】按钮，将操作保存至原文档。

	A
1	123.456
2	123.456000
3	¥123.456000
4	¥ 123.456000
5	12345.600000%
6	123 1/2
7	1.234560E+02
8	123.456

图 3-35　数据格式设置效果

任务 2　设置单元格格式

步骤 1：打开"实验二原始文档.xlsx"工作簿的"任务 2"工作表

步骤 2：格式化设置

使用【开始】选项卡【字体】和【对齐方式】组中的选项，设置单元格字体、字号、字形、对齐方式。

（1）设置 A1 单元格，字体为黑体，字号为 22，字体加粗，加单下划线，颜色设置为红色，水平对齐方式为"跨列居中"，垂直对齐方式为"居中"。

（2）设置 A2 单元格，字体为黑体，字号为 10。

（3）设置 A3：D3 区域中的单元格，字体加粗。

（3）设置 A4：A18 区域中的单元格，字体为斜体，水平对齐方式为"靠右（缩进）"，垂直对齐方式为"居中"。

（4）设置 B4:D18 区域中的单元格,字体加粗,水平对齐方式和垂直对齐方式都为"居中"。

设置效果如图 3-36 所示。

		成绩汇总表		
1				
2	2013级1班			
3	学号	数学	英语	计算机
4	2013052001	77	82	75
5	2013052002	88	67	70
6	2013052003	88	85	85
7	2013052004	80	61	35
8	2013052005	87	82	73
9	2013052006	92	94	91
10	2013052007	91	93	77
11	2013052008	88	78	72
12	2013052009	83	62	78
13	2013052010	77	70	80
14	2013052011	89	80	87
15	2013052012	94	66	90
16	2013052013	95	81	88
17	2013052014	90	95	87
18	2013052015	98	93	94

图 3-36　单元格格式化效果

步骤 3：合并单元格

选中区域 A2:D2,选择【开始】选项卡【对齐方式】组的【合并后居中】选项,或者选择【设置单元格格式】对话框【对齐】选项卡【文本控制】选项下的【合并单元格】选项,再设置水平对齐方式为"居中"。思考:"合并后居中"与"跨列居中"效果有何区别?

步骤 4：添加边框

选中区域 A1:D18,选择【设置单元格格式】对话框的【边框】选项卡,先从【样式】中选择线条,然后从【预置】或【边框】中选择该线条应用的位置。如图 3-37 所示。

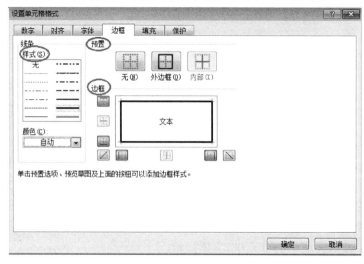

图 3-37　设置边框

步骤 5：设置填充底纹

设置单元格填充颜色。选择区域 A1:D1,选择【设置单元格格式】对话框的【填充】选项卡,如图 3-38 所示,设置【背景色】为【黄色】,【图案样式】为【25％灰色】,【图案颜色】为【绿色】。

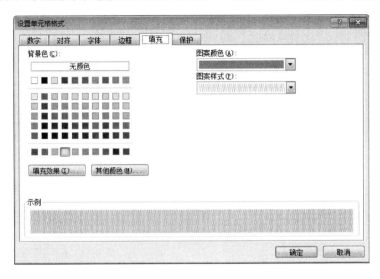

图 3-38　填充设置

步骤 6：设置行高和列宽

选中区域 A1:D18,选择【开始】选项卡【单元格】组的【格式】选项,从下拉菜单中分别选择【自动调整行高】和【自动调整列宽】,设置效果如图 3-39 所示。

	A	B	C	D
1	成绩汇总表			
2	2013级1班			
3	学号	数学	英语	计算机
4	2013052001	77	82	75
5	2013052002	88	67	70
6	2013052003	88	85	85
7	2013052004	80	61	35
8	2013052005	87	82	73
9	2013052006	92	94	91
10	2013052007	91	93	77
11	2013052008	88	78	72
12	2013052009	83	62	78
13	2013052010	77	70	80
14	2013052011	89	80	87
15	2013052012	94	66	90
16	2013052013	95	81	88
17	2013052014	90	95	87
18	2013052015	98	93	94

图 3-39　设置行高和列宽效果图

步骤 7：设置条件格式

(1) 选中区域 B4:D18,选择【开始】选项卡【样式】组【条件格式】下拉菜单中【突出显示单元格规则】菜单的【小于】选项,弹出【小于】对话框,如图 3-40 和图 3-41 所示。

图 3-40　设置条件格式　　　　　　　　图 3-41　【小于】对话框

　　(2) 在"为小于以下值的单元格设置格式"栏输入"60","设置为"栏选择【浅红填充色深红色文本】,效果如图 3-42 所示。

A	B	C	D
成绩汇总表			
2013级1班			
学号	数学	英语	计算机
2013052001	77	82	75
2013052002	88	67	70
2013052003	88	85	85
2013052004	80	61	35
2013052005	87	82	73
2013052006	92	94	91
2013052007	91	93	77
2013052008	88	78	72
2013052009	83	62	78
2013052010	77	70	80
2013052011	89	80	87
2013052012	94	66	90
2013052013	95	81	88
2013052014	90	95	87
2013052015	98	93	94

图 3-42　设置条件格式效果

步骤 8:复制工作表"任务 2"

将工作表"任务 2"的内容全部复制到"任务 3"工作表中。

任务 3 数据的有效性设置

步骤 1:设置单元格 B4:D19 的数据有效性

（1）选中区域 B4:D19,执行【数据】选项卡【数据工具】组中【数据有效性】下拉菜单的【数据有效性】选项,打开【数据有效性】对话框,如图 3-43 所示。

图 3-43 【数据有效性】对话框

（2）在【设置】选项卡下的【允许】选项中选择【整数】,在【数据】选项选择【介于】,在【最小值】栏输入"0",在【最大值】栏输入"100"。

（3）在【数据有效性】对话框中选择【输入信息】选项卡,如图 3-44 所示。选中【选定单元格时显示输入信息】复选框,在【标题】栏输入"注意",在【输入信息】栏输入"请输入 0～100 内的整数"。

图 3-44 "输入信息"选项卡

（4）在【数据有效性】对话框中选择【出错警告】选项卡,如图 3-45 所示。选中【输入无效数据时显示出错警告】复选框,在【标题】栏输入【出错】,在"错误信息"栏输入"您输入了非 0～100 内的整数,请重新输入"。

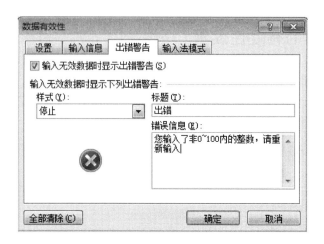

图 3-45 "出错警告"选项卡

（5）选定 B19 单元格，可发现"注意"信息，如图 3-46 所示。

14	*2013052011*	**89**	**80**	**87**
15	*2013052012*	**94**	**66**	**90**
16	*2013052013*	**95**	**81**	**88**
17	*2013052014*	**90**	**95**	**87**
18	*2013052015*	**98**	**93**	**94**
19				
20				
21			**注意**	
22			请输入0~10	
23			0内的整数	
24				

图 3-46 "注意"信息提示

（6）在 B19 单元中输入"110"，然后按【Enter】键，会弹出【出错】对话框，如图 3-47 所示，单击【取消】按钮，在 B19 单元格输入"97"，在 C19 单元格输入"80"，在 D19 单元格输入"59"。

步骤 2：设置 G1：G18 区域的选择性输入

（1）在 F1：F5 区域分别输入"优秀""良好""中等""及格"和"不及格"，如图 3-48 所示。

图 3-47 【出错】对话框　　　　　　　图 3-48 输入序列

（2）选择【数据】选项卡【数据工具】组中【数据有效性】下拉菜单的【数据有效性】选项，打开【数据有效性】对话框，如图 3-49 所示。

（3）在【设置】选项卡下的"允许"选项中选择【序列】，在"来源"栏输入"＝＄F＄1：＄F＄5"，或用鼠标直接在工作表中选择"优秀""良好""中等""及格"和"不及格"序列所在的区域。

（4）选定 G1 单元格，单击单元格右侧的倒三角形按钮▼，单击图标从下拉列表中选择要输入的信息，如图 3-50 所示。

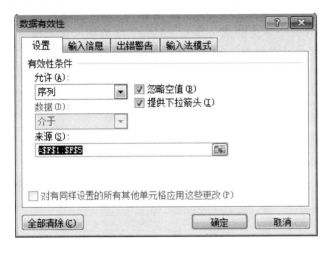

图 3-49　【数据有效性】设置信息

图 3-50　输入选择性信息

步骤 3：格式化复制数据格式

选择区域 A18:D18，选择【开始】选项卡的【剪切板】组，双击【格式刷】选项，此时鼠标样式改变为粗的空心"＋"和"刷子"形状。将格式刷从左到右依次刷过 A19:D19，完成单元格的格式化。格式化结果如图 3-51 所示。

17	2013052014	90	95	87
18	2013052015	98	93	94
19		97	80	59

图 3-51　格式化结果

步骤 4：设置完成后单击【保存】按钮，完成实验二

实验三　数值简单计算

【实验目的】

学习 Excel 2010 电子表格进行简单的数值计算，掌握函数的使用方法、公式的录入及计算方法、绝对地址与相对地址在公式中的应用，学会 SUM、AVERAGE、MAX、MIN、COUNT、COUNTIF 等常用函数的用法。

【实验要求】

按照实验步骤，依次熟悉使用 Excel 2010 中各常用函数和录入公式进行计算的操作方法。

任务 1　自动计算

步骤 1:打开"实验三原始文档.xlsx"工作簿中"任务 1"工作表

步骤 2:使用【自动求和】按钮计算每个学生的总分填至 E3:E17 区域相应单元格内

(1) 计算学号为"2013052001"学生总分填至 E3 单元格。选中 E3 单元格,选择【公式】选项卡【函数库】组的【自动求和】选项,E3 单元格将自动插入"求和"函数,默认求和区域并不一定是"B3:D3",因此可能需要重新选中求和区域修改 SUM 函数的默认参数,如图 3-52 所示。按【Enter】键,则 E3 单元格的值为学号为"2013052001"学生的三门课程总分。

SUM	▼ × ✔ *fx*	=SUM(B3:D3)			
	A	B	C	D	E	F	G
1	成绩汇总表						
2	学号	数学	英语	计算机	总分	平均分	
3	2013052001	77	82	75	=SUM(B3:D3)		
4	2013052002	88	67	70	SUM(**number1**, [number2], ...)		
5	2013052003	88	85	85			
6	2013052004	80	61	35			

图 3-52　【自动求和】结果

(2) 在 E4:E17 区域中添加其余学生总分。选中 E3 单元格,将鼠标指针移动到单元格右下角,在鼠标光标变成黑色"十"后,按下鼠标左键向下填充,依次得到其他学生总分。填充结果如图 3-53 所示。

	A	B	C	D	E
1	成绩汇总表				
2	学号	数学	英语	计算机	总分
3	2013052001	77	82	75	234
4	2013052002	88	67	70	225
5	2013052003	88	85	85	258
6	2013052004	80	61	35	176
7	2013052005	87	82	73	242
8	2013052006	92	94	91	277
9	2013052007	91	93	77	261
10	2013052008	88	78	72	238
11	2013052009	83	62	78	223
12	2013052010	77	70	80	227
13	2013052011	89	80	87	256
14	2013052012	94	66	90	250
15	2013052013	95	81	88	264
16	2013052014	90	95	87	272
17	2013052015	98	93	94	285

图 3-53　【总分】计算结果

步骤 3:使用【自动求和】按钮计算每个学生的平均分填至 F3:F17 区域相应单元格内

(1) 计算学号为"2013052001"学生的平均分填至 F3 单元格。选中 F3 单元格,选择【公式】选项卡【函数库】组【自动求和】图标右侧的倒三角,从下拉菜单中选择【平均值】选项,如图 3-54 所示。F3 单元格将自动插入【平均值】函数,调整计算区域,然后按【Enter】键,则 F3 单元格的值为学号为"2013052001"学生的三门课程平均分。

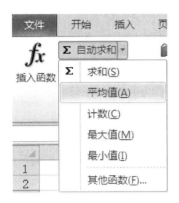

图 3-54　【自动求和】下拉菜单

（2）在 F4:F17 区域中添加其余学生平均分。选中 F3 单元格，使用填充柄向下拖动，依次得到其他学生平均分。

（3）设置平均分的数据格式为"数值"，保留两位小数，结果如图 3-55 所示。

	A	B	C	D	E	F
1	成绩汇总表					
2	学号	数学	英语	计算机	总分	平均分
3	2013052001	77	82	75	234	78.00
4	2013052002	88	67	70	225	75.00
5	2013052003	88	85	85	258	86.00
6	2013052004	80	61	35	176	58.67
7	2013052005	87	82	73	242	80.67
8	2013052006	92	94	91	277	92.33
9	2013052007	91	93	77	261	87.00
10	2013052008	88	78	72	238	79.33
11	2013052009	83	62	78	223	74.33
12	2013052010	77	70	80	227	75.67
13	2013052011	89	80	87	256	85.33
14	2013052012	94	66	90	250	83.33
15	2013052013	95	81	88	264	88.00
16	2013052014	90	95	87	272	90.67
17	2013052015	98	93	94	285	95.00

图 3-55　【平均值】计算结果

步骤 4：使用【自动求和】按钮中的【最高分】【最低分】及【计数】函数

使用【自动求和】按钮计算数学、英语和计算机各门课程的最高分、最低分及参加考试人数，并填入 B18:D20 区域相应单元格内。

（1）计算数学成绩中的最高分填入 B18 单元格。选中 B18 单元格，选择【公式】选项卡【函数库】组【自动求和】图标右侧的倒三角，从下拉列表中选择【最大值】选项，B18 单元格将自动插入【最大值】函数，调整计算区域，然后按【Enter】键，则 B18 单元格的值为数学成绩中的最高分。

（2）在 C18:D18 区域中添加其余课程最高分。选中 B18 单元格，使用填充柄向右拖动，依次得到英语和计算机成绩中最高分，计算结果如图 3-56 所示。

（3）仿照求最高分的方法，求出各门课程的最低分填入第 19 行，计算结果如图 3-56 所示。

（4）统计参加每门课程考试的人数。单元格中有数据，就相当于有考试成绩，有成绩记录的学生一定参加了考试,因此统计参加某门课程考试人数,就相当于统计该门课程成绩列表中有数据的单元格个数。使用【自动求和】求和按钮下拉菜单中的【计数】选项,就可以统计出所选区域有数据的单元格个数,操作方法与上述函数类似,统计结果如图 3-56 所示。

	A	B	C	D
1	成绩汇总表			
2	学号	数学	英语	计算机
3	2013052001	77	82	75
4	2013052002	88	67	70
5	2013052003	88	85	85
6	2013052004	80	61	35
7	2013052005	87	82	73
8	2013052006	92	94	91
9	2013052007	91	93	77
10	2013052008	88	78	72
11	2013052009	83	62	78
12	2013052010	77	70	80
13	2013052011	89	80	87
14	2013052012	94	66	90
15	2013052013	95	81	88
16	2013052014	90	95	87
17	2013052015	98	93	94
18	每门科目最高分	98	95	94
19	每门科目最低分	77	61	35
20	统计参加考试人数	15	15	15

图 3-56　【最大值】【最小值】和【计数】的计算结果

任务 2　使用函数和公式

步骤 1:打开"实验三原始文档. xlsx"工作簿中的"任务 2"工作表

步骤 2:使用"IF"函数

使用"IF"函数判断每个学生的"计算机"成绩是否及格(≥60 分为及格),在 F 列相应单元格输出"及格"或"不及格"。

(1) 计算学号为"2013052001"学生的计算机成绩是否及格。选中 F3 单元格,单击【公式】选项卡的【插入函数】选项,打开【插入函数】对话框,从【或选择类别】下拉列表中选择【常用函数】,然后从【选择函数】中选择"IF",如图 3-57 所示。

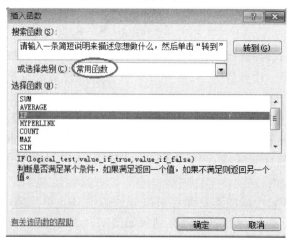

图 3-57　【插入函数】对话框

打开 IF【函数参数】对话框，在"Logical_test"栏中输入"D3≥60"，在"Value_if_true"栏中输入"及格"，在"Value_if_false"栏中输入"不及格"，如图 3-58 所示。注意：输入信息中的符号都为英文输入法模式下的符号。然后单击【确定】按钮，完成计算。

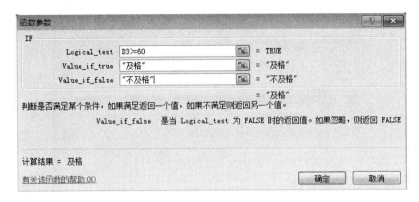

图 3-58　【函数参数】对话框

（2）在 F4:F17 区域中输出其余学生的"计算机"成绩是否及格。选中 F3 单元格，使用填充柄向下拖动得到，计算结果如图 3-59 所示。

2	学号	数学	英语	计算机	总分	"计算机"成绩是否及格
3	2013052001	77	82	75	234	及格
4	2013052002	88	67	70	225	及格
5	2013052003	88	85	85	258	及格
6	2013052004	80	61	35	176	不及格
7	2013052005	87	82	73	242	及格
8	2013052006	92	94	91	277	及格
9	2013052007	91	93	77	261	及格
10	2013052008	88	78	72	238	及格
11	2013052009	83	62	78	223	及格
12	2013052010	77	70	80	227	及格
13	2013052011	89	80	87	256	及格
14	2013052012	94	66	90	250	及格
15	2013052013	95	81	88	264	及格
16	2013052014	90	95	87	272	及格
17	2013052015	98	93	94	285	及格

图 3-59　"'计算机'成绩是否及格"计算结果

步骤 3：使用"COUNTIF"函数

使用"COUNTIF"函数统计各门课程中≥90 分学生人数，填入 B19:D19。

（1）统计"数学"成绩中≥90 分学生人数添加到 B19 单元格中。选中 B19 单元格，单击【公式】选项卡的【插入函数】按钮，打开【插入函数】对话框，从【或选择类别】下拉列表中选择【统计】，然后向下拖动【选择函数】栏右侧的垂直滚动条选择"COUNTIF"（所有函数按 26 个英文字母先后顺序排列），如图 3-60 所示。

打开 COUNTIF【函数参数】对话框，在"Range"栏中输入"B3:B17"，或将光标定位在输入栏后，直接在工作表中选择统计区域，在"Criteria"栏中输入"≥90"，如图 3-61 所示。然后单击【确定】按钮，完成计算。

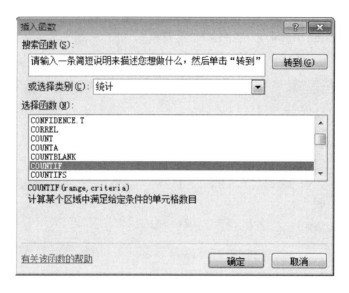

图 3-60　选择"COUNTIF"函数

图 3-61　设置 COUNTIF 函数参数对话框

（2）在 C19：D19 区域中输出"英语"和"计算机"≥90 分的学生人数。选中 B19 单元格，使用填充柄向右拖动得到，计算结果如图 3-62 所示，图中隐藏了第 18 行。

	学号	数学	英语	计算机	总分
2					
3	2013052001	77	82	75	234
4	2013052002	88	67	70	225
5	2013052003	88	85	85	258
6	2013052004	80	61	35	176
7	2013052005	87	82	73	242
8	2013052006	92	94	91	277
9	2013052007	91	93	77	261
10	2013052008	88	78	72	238
11	2013052009	83	62	78	223
12	2013052010	77	70	80	227
13	2013052011	89	80	87	256
14	2013052012	94	66	90	250
15	2013052013	95	81	88	264
16	2013052014	90	95	87	272
17	2013052015	98	93	94	285
19	统计各门课程≥90分学生人数	6	4	3	

图 3-62　"统计各门课程中≥90 分学生人数"结果

步骤 4：计算"比例"

使用公式计算每个学生"计算机"成绩在"总分"中所占的比例，填入 G3：G18 区域相应的单元格内。

(1) 计算学号为"2013052001"学生的"计算机"成绩在"总分"中所占比例。在 G3 单元格中输入"=D3/E3"（注意：所有字符都为英文模式），其中"D3"为该生的"计算机"成绩所在单元格地址，E3 为该生"总分"所在单元格地址，然后按【Enter】键完成公式。

(2) 在 G4：G17 区域中输出其余学生的"计算机"成绩在"总分"中所占比例。选中 G3 单元格，使用填充柄向下拖动得到。

(3) 设置 G3：G17 区域中数据格式为"百分比"，保留两位小数，计算结果如图 3-63 所示，图中隐藏了 B、C、F 三列数据。

2	学号	计算机	总分	"计算机"成绩在"总分"中所占比例
3	2013052001	75	234	32.05%
4	2013052002	70	225	31.11%
5	2013052003	85	258	32.95%
6	2013052004	35	176	19.89%
7	2013052005	73	242	30.17%
8	2013052006	91	277	32.85%
9	2013052007	77	261	29.50%
10	2013052008	72	238	30.25%
11	2013052009	78	223	34.98%
12	2013052010	80	227	35.24%
13	2013052011	87	256	33.98%
14	2013052012	90	250	36.00%
15	2013052013	88	264	33.33%
16	2013052014	87	272	31.99%
17	2013052015	94	285	32.98%

图 3-63　"'计算机'成绩在'总分'中所占比例"计算结果

步骤 5：使用公式计算"比例"

使用公式计算每个学生"总分"在"所有学生总分之和"中所占比例，并将结果填入 H3：H17 区域中相应的单元格内。

(1) 计算学号为"2013052001"学生的"总分"在"所有学生总分之和"中所占比例。在 H3 单元格中输入"=E3/＄E＄18"，其中"E3"为该生的"总分"所在单元格地址，＄E＄18 为所有学生总分之和"3688"所在单元格地址，然后按【Enter】键完成公式。思考：E18 和＄E＄18 的区别。

(2) 在 H4：H17 区域中输出其余学生"总分"在"所有学生总分之和"中所占比例。选中 H3 单元格，使用填充柄向下拖动得到。

(3) 设置 H3：H17 区域中数据格式为"百分比"，保留两位小数，计算结果如图 3-64 所示，图中隐藏了 B、C、D、F、G 5 列数据。

2	学号	总分	每个学生"总分"在"所有学生总分之和"中所占比例
3	2013052001	234	6.34%
4	2013052002	225	6.10%
5	2013052003	258	7.00%
6	2013052004	176	4.77%
7	2013052005	242	6.56%
8	2013052006	277	7.51%
9	2013052007	261	7.08%
10	2013052008	238	6.45%
11	2013052009	223	6.05%
12	2013052010	227	6.16%
13	2013052011	256	6.94%
14	2013052012	250	6.78%
15	2013052013	264	7.16%
16	2013052014	272	7.38%
17	2013052015	285	7.73%
18	所有学生总分之和	3688	

图 3-64 "每个学生'总分'在'所有学生总分之和'中所占比例"计算结果

步骤 6："ABS"函数的应用

使用公式和"ABS"函数计算每个学生"数学"和"英语"分数差。

（1）计算学号为"2013052001"学生的"数学"和"英语"分数差。选中 I3 单元格，打开【插入函数】对话框，从【或选择类别】下拉列表中选择【数学与三角函数】，然后从【选择函数】中选择"ABS"，如图 3-65 所示。

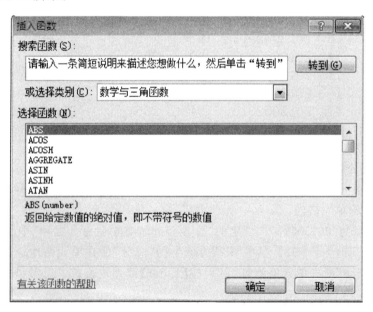

图 3-65 选择"ABS"函数

打开【插入函数】参数对话框，在"Number"栏中输入"B3-C3"，其中"B3"为该生"数学"分数所在单元格地址，"C3"为该生"英语"分数所在单元格地址，如图 3-66 所示。然后单击【确定】按钮，完成计算。

图 3-66　设置"ABS"函数参数对话框

（2）在 I4:I17 区域中输出其余学生"数学"和"英语"分数差。选中 I3 单元格，使用填充柄向下拖动得到。计算结果如图 3-67 所示，图中隐藏了 D、E、F、G、H 5 列数据。

	学号	数学	英语	每个学生"数学"和"英语"分数差
2				
3	2013052001	77	82	5
4	2013052002	88	67	21
5	2013052003	88	85	3
6	2013052004	80	61	19
7	2013052005	87	82	5
8	2013052006	92	94	2
9	2013052007	91	93	2
10	2013052008	88	78	10
11	2013052009	83	62	21
12	2013052010	77	70	7
13	2013052011	89	80	9
14	2013052012	94	66	28
15	2013052013	95	81	14
16	2013052014	90	95	5
17	2013052015	98	93	5

图 3-67　"每个学生'数学'和'英语'分数差"计算结果

步骤 7：使用"RANK"函数

使用"RANK"函数计算每个学生总分排名，并将结果插入 J3:J17 区域相应的单元格内。

（1）计算学号为"2013052001"学生的总分排名。选中 J3 单元格，打开【插入函数】对话框，从【或选择类别】下拉列表中选择【全部】，然后从【选择函数】中选择"RANK"，如图 3-68 所示。

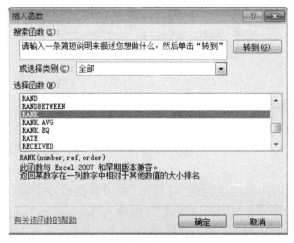

图 3-68　选择"RANK"函数

打开【插入函数】参数对话框,在"Number"栏中输入"E3","E3"为该生"总分"所在单元格地址;"Ref"栏中输入"＄E＄3:＄E＄17","＄E＄3:＄E＄17"为要排序的一组数据所在区域的绝对引用地址;"Order"栏中输入"0",代表"降序"排列。如图 3-69 所示。然后单击【确定】按钮,完成计算。

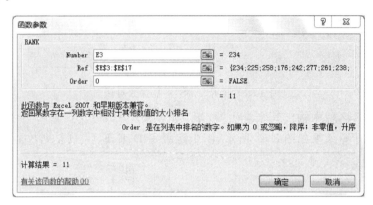

图 3-69　设置"RANK"函数参数对话框

(2) 在 J4:J17 区域中输出其余学生总分排名。选中 J3 单元格,使用填充柄向下拖动得到。计算结果如图 3-70 所示,图中隐藏了 B、C、D、F、G、H、I 7 列数据。

2	学号	总分	每个学生总分排名
3	2013052001	234	11
4	2013052002	225	13
5	2013052003	258	6
6	2013052004	176	15
7	2013052005	242	9
8	2013052006	277	2
9	2013052007	261	5
10	2013052008	238	10
11	2013052009	223	14
12	2013052010	227	12
13	2013052011	256	7
14	2013052012	250	8
15	2013052013	264	4
16	2013052014	272	3
17	2013052015	285	1

图 3-70　"每个学生总分排名"计算结果

步骤 8:使用嵌套"IF"函数

使用嵌套"IF"函数将"计算机"成绩转换成 5 分制,≥90 分为"优秀",其余≥80 分为"良好",其余≥70 分为"中等",其余≥60 分为"及格",剩余的为"不及格",并将结果插入 K3:K17 区域相应的单元格中。

(1) 将学号为"2013052001"学生的"计算机"成绩转换成 5 分制。选中 K3 单元格,打开"IF"函数参数设置对话框。在"Logical_test"栏中输入"D3≥90",在"Value_if_true"栏中输入"优秀",将鼠标定位到"Value_if_false"栏中单击工作表【名称框】中的"IF",弹出一个新的

"IF"函数参数设置对话框,在第二个对话框的"Logical_test"栏中输入"D3>=80",在"Value_if_true"栏中输入"良好",将鼠标定位到"Value_if_false"栏中单击工作表【名称框】中的"IF",又弹出一个新的"IF"函数参数设置对话框,在第三个对话框的"Logical_test"栏中输入"D3>=70",在"Value_if_true"栏中输入"中等",将鼠标定位到"Value_if_false"栏中单击工作表【名称框】中的"IF",又弹出一个新的"IF"函数参数设置对话框,在第四个对话框的"Logical_test"栏中输入"D3>=60",在"Value_if_true"栏中输入"及格",在"Value_if_false"栏中输入"不及格",如图 3-71 所示,图中是第 4 个"IF"函数参数设置对话框。然后单击【确定】按钮,完成计算。

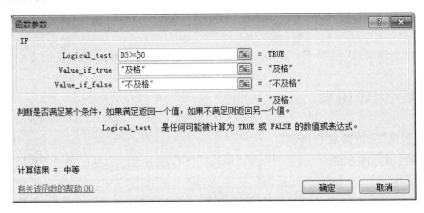

图 3-71　设置第四个嵌套"IF"函数参数对话框

（2）在 K4:K17 区域中输出将其余学生"计算机"成绩转换成 5 分制成绩的结果。选中 K3 单元格,使用填充柄向下拖动得到。计算结果如图 3-72 所示,图中隐藏了 B、C、E、F、G、H、I、J 8 列数据。

2	学号	计算机	将"计算机"成绩转换成5分制
3	2013052001	75	中等
4	2013052002	70	中等
5	2013052003	85	良好
6	2013052004	35	不及格
7	2013052005	73	中等
8	2013052006	91	优秀
9	2013052007	77	中等
10	2013052008	72	中等
11	2013052009	78	中等
12	2013052010	80	良好
13	2013052011	87	良好
14	2013052012	90	优秀
15	2013052013	88	良好
16	2013052014	87	良好
17	2013052015	94	优秀

图 3-72　"将'计算机'成绩转换成 5 分制"计算结果

步骤 9:单击【保存】按钮,完成实验三

实验四　图表功能

【实验目的】

学习使用 Excel 2010 建立数据图表的基本过程,掌握图表的创建方法以及对图表进行修改、编辑和格式化的操作方法。

【实验要求】

按照实验步骤,依次熟悉 Excel 2010 中创建、修改、编辑和格式化图表的方法。

任务 1　创建图表

步骤 1:创建"三维簇状柱形图"

打开"实验四原始文档. xlsx"工作簿"Sheet1"工作表使用"学号""数学"和"计算机"三列文字和数据创建一个"三维簇状柱形图",并插入"Sheet1"工作表中。

(1)选择图表类型。选择任一空白单元格,执行【插入】选项卡【图表】组中【柱形图】下拉菜单【三维柱形图】组的【三维簇状柱形图】选项,则在工作表中将出现一块空白区域,并增加了【图表工具】选项卡及其下的【设计】【布局】和【格式】选项,如图 3-73 所示。

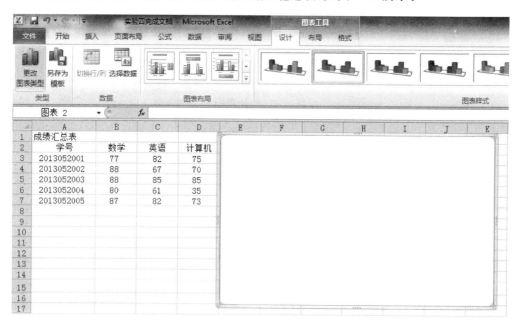

图 3-73　选择图表类型结果

(2)选择生成图表的数据源。选择【图表工具】的【设计】选项卡【数据】组的【选择数据】按钮,打开【选择数据源】对话框,如图 3-74 所示。

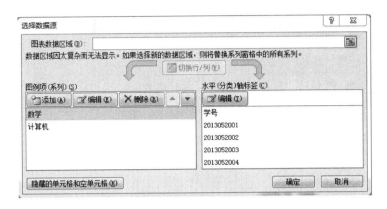

图 3-74 【选择数据源】对话框

a. 将光标定位在【图表数据区域】栏,从工作表中选中两个离散的区域:"B2:B7"和"D2:D7",其中"B2:B7"为"数学"所在区域,"D2:D7"为"计算机"所在区域。

b. 系统默认系列产生在列,即一列数据作为一个系列,如需切换,单击【选择数据源】对话框中【切换行/列】按钮,本例不需要切换。设置"图表数据区域"后,在【图例项(系列)】下方的空白区域就会出现"数学"和"计算机"两个系列名称。如图 3-74 所示。

c. 单击【水平(分类)轴标签】下方的【编辑】按钮,并从工作表中选中"A3:A7"区域,即每个学生的学号,如图 3-74 所示。完成后,单击【确定】按钮。效果如图 3-75 所示。

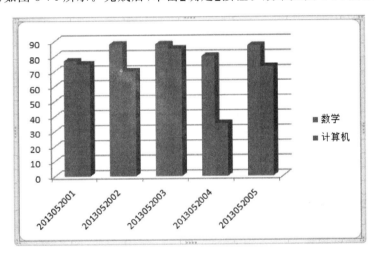

图 3-75 "数学""计算机"成绩三维簇状柱形图

步骤 2:创建"带数据标记的折线图"

打开"实验四. xlsx"工作簿"Sheet2"工作表,使用"学号"和"英语"两列文字和数据创建一个"带数据标记的折线图",并插入"Sheet2"工作表中。

(1)选择图表类型。选择任一空白单元格,执行【插入】选项卡【图表】组中【折线图】下拉菜单中【二维折线图】组的【带数据标记的折线图】选项。

(2)选择生成图表的数据源。执行【图表工具】的【设计】选项卡【数据】组中的【选择数据】按钮,打开【选择数据源】对话框,如图 3-76 所示。

a. 将光标定位在【图表数据区域】栏,从工作表中选中区域"C2:C7","C2:C7"为"英语"所在区域。

图 3-76 设置"带数据标记的折线图"数据源

b. 单击【水平(分类)轴标签】下方的【编辑】按钮,并从工作表中选中"A3:A7"区域,即每个学生的学号,如图 3-75 所示。完成后,单击【确定】按钮。效果如图 3-77 所示。

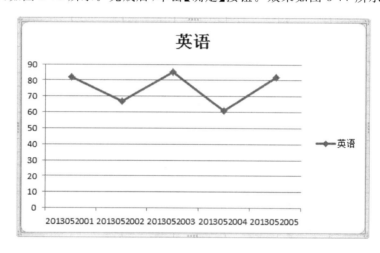

图 3-77 "英语"成绩带数据标记的折线图

任务 2 编辑与修饰图表

步骤 1:移动、缩放图表

(1) 打开"实验四.xlsx"工作簿"Sheet1"工作表,将任务 1 生成的"三维簇状柱形图"移动到区域 E1:K17 内。选中图表,将鼠标移动到图表边缘位置,出现"✛"后按下鼠标左键,将图表的左上角移入 E1 单元格内,再移动鼠标到图表右下角位置,将图表的右下角拖动到 K17 单元格内。

(2) 仿照上面步骤将"Sheet2"工作表中任务 1 生成的"带数据标记的折线图"移动到区域 E1:K17 内。

步骤 2:添加图表标题

(1) 打开"实验四.xlsx"工作簿"Sheet1"工作表,选中图表,执行【图表工具】的【布局】选项卡【标签】组【图表标题】下拉菜单的【图表上方】选项,在图表上方添加标题:"数学""计算机"成绩三维簇状柱形图。效果如图 3-78 所示。

（2）仿照上面步骤给"Sheet2"工作表中任务 1 生成的"带数据标记的折线图"添加图表标题："英语"成绩带数据标记的折线图。效果如图 3-79 所示。

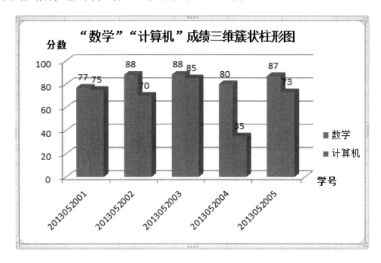

图 3-78　"'数学''计算机'成绩三维簇状柱形图"标签设置效果

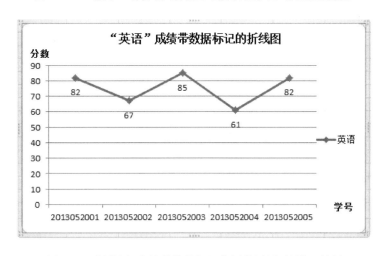

图 3-79　"'英语'成绩带数据标记的折线图"标签设置效果

步骤 3：添加坐标轴标题

（1）打开"实验四.xlsx"工作簿"Sheet1"工作表，选中图表，执行【图表工具】的【布局】选项卡【标签】组的【坐标轴标题】按钮，分别选中【主要横坐标轴标题】和【主要纵坐标轴标题】选项，设置图表横坐标标题为：学号，纵坐标为：分数。效果如图 3-78 所示。

（2）仿照上面步骤给"Sheet2"工作表中任务 1 生成的"带数据标记的折线图"添加横坐标标题为"学号"，纵坐标标题为"分数"。效果如图 3-79 所示。

步骤 4：显示数据标签

选中图表，执行【图表工具】的【布局】选项卡【标签】组中【数据标签】下拉菜单的【显示】选项，显示数据标签。效果如图 3-78 和图 3-79 所示。

步骤 5：修改坐标轴刻度

将两个图表纵坐标轴刻度单位修改为"10"。选中图表，选择【图表工具】的【布局】选项卡【坐标轴】组【坐标轴】下拉菜单【主要纵坐标轴】子菜单的【其他主要纵坐标轴】选项，打开【设置坐标轴格式】对话框,如图 3-80 所示,选择【坐标轴选项】,修改【主要刻度单位】,标记"固定",并在空白栏中输入"10",如图 3-80 所示。设置完成后,单击【关闭】按钮。

图 3-80 【设置坐标轴格式】对话框

步骤 6:取消两个图表中的横网格线

选中图表,执行【图表工具】的【布局】选项卡【坐标轴】组中【网格线】下拉菜单中【主要纵网格线】子菜单的【无】选项。

步骤 7:修改系列颜色

将"'数学''计算机'成绩三维簇状柱形图"中"系列'计算机'"的颜色修改为"黄色",将"'英语'成绩带数据标记的折线图"中"系列'英语'"的颜色修改为"红色"。

选中图表,从【图表工具】的【格式】选项卡【当前所选内容】组上方的下拉菜单中选中要修改的内容,然后单击【形状填充】按钮,选择要设置的颜色,如图 3-81 所示。

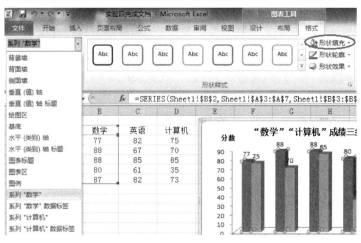

图 3-81 选择修改内容

设置效果如图 3-82 和图 3-83 所示。图 3-82 为"数学""计算机"成绩三维簇状柱形图,图 3-83 为"英语"成绩带数据标记的折线图。

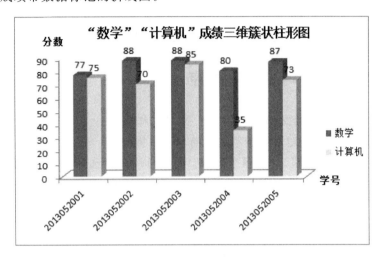

图 3-82　"数学""计算机"成绩三维簇状柱形图

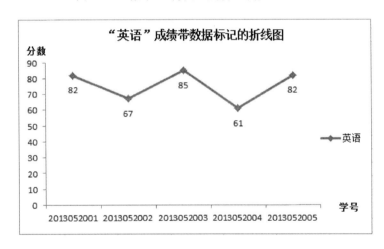

图 3-83　"英语"成绩带数据标记的折线图

步骤 8:单击【保存】按钮,完成实验四

实验五　数据统计与分析及工作表的其他操作

【实验目的】

学习使用 Excel 2010 进行数据统计与分析的基本过程,了解工作表的其他操作。掌握对数据进行简单排序与复杂排序,对数据进行筛选、高级筛选、分类汇总与数据透视表,了解工作簿、工作表页面设置及数据保护的基本方法。

【实验要求】

按照实验步骤,依次熟悉 Excel 2010 对数据进行排序、筛选、分类汇总和数据透视表的操作方法,以及工作表页面设置和数据保护的常用操作方式。

任务 1 简单排序与多条件排序

步骤 1:打开"实验五原始文档.xlsx"中"任务 1"工作表
步骤 2:按"年龄"字段值对数据清单进行简单升序排序

选中"年龄"列任一单元格。单击【数据】选项卡【排序和筛选】组的【升序】选项完成升序排列。结果如图 3-84 所示。

学号	学院	姓名	性别	年龄	籍贯	年级	成绩
2013052001	自动化	沈一丹	男	18	陕西	1	89
2013052004	会计	张开芳	男	18	山东	1	95
2013052006	外语	高浩飞	女	18	湖南	1	84
2012052002	计算机	刘力国	男	19	江西	2	76
2012052007	电子信息	贾铭	男	19	广东	2	92
2012052008	网络工程	吴朔源	男	19	上海	2	90
2011052003	市场营销	王红梅	女	20	河南	3	88
2011052009	软件工程	黄立	男	20	湖南	3	87
2010052005	物流	杨帆	女	21	江西	4	85

图 3-84　简单排序结果

步骤 3:按"年龄"字段值对数据清单进行多条件升序排序

(1) 由图 3-84 可见上述排序结果中有年龄相同的学生,如学号为"2013052001"和"2013052004"的学生。在此基础上,参考"分数"字段值,对年龄相同的记录进一步排序,即复杂排序。

(2) 选中数据清单中任一单元格,单击【数据】选项卡【排序和筛选】组的【排序】按钮,打开【排序】对话框。单击【添加条件】按钮,在对话框下方增加"次要关键字……"一行信息。在【次要关键字】下拉列表中选择"分数",如图 3-85 所示。完成后,单击【确定】按钮。排序结果如图 3-86 所示。

图 3-85　【排序】对话框

学号	学院	姓名	性别	年龄	籍贯	年级	成绩
2013052006	外语	高洁飞	女	18	湖南	1	84
2013052001	自动化	沈一丹	男	18	陕西	1	89
2013052004	会计	张开芳	男	18	山东	1	95
2012052002	计算机	刘力国	男	19	江西	2	76
2012052008	网络工程	吴朔源	男	19	上海	2	90
2012052007	电子信息	贾铭	男	19	广东	2	92
2011052009	软件工程	黄立	男	20	湖南	3	87
2011052003	市场营销	王红梅	女	20	河南	3	88
2010052005	物流	杨帆	女	21	江西	4	85

图 3-86　多条件排序结果

任务 2　筛选数据

步骤 1：打开"实验五原始文档.xlsx"中"任务 2"工作表
步骤 2：使用自动筛选——按值筛选

使用自动筛选，显示"性别"为"女"的记录，并截图存放在 A31：H35 区域中。

（1）选中数据清单中任一单元格，单击【数据】选项卡【排序和筛选】组的【筛选】按钮，则数据清单中每个字段右侧都出现了【自动筛选】按钮 ▾，如图 3-87 所示。单击"性别"字段的【自动筛选】按钮，选择"女"，则出现所要求的筛选结果，如图 3-87 所示。

学号 ▾	学院 ▾	姓名 ▾	性别 ▾	年龄 ▾	籍贯 ▾	年级 ▾	成绩 ▾
2011052003	市场营销	王红梅	女	20	河南	3	88
2010052005	物流	杨帆	女	21	江西	4	85
2013052006	外语	高洁飞	女	18	湖南	1	84

图 3-87　自动筛选"性别"结果

（2）取消自动筛选结果。点击"性别"字段的【自动筛选】按钮，选择【全选】，则恢复为原数据清单。

步骤 3：使用自动筛选——按范围筛选

使用自动筛选显示"分数"在"80～90"（包括 80 和 90）分之间的记录，并将结果截图保存在 A36：H43 区域中。

单击"分数"右侧的【自动筛选】按钮的【数字筛选】选项中的【介于】选项，打开【自定义自动筛选方式】对话框。在"大于或等于"右侧空白栏中输入"80"，在"小于或等于"右侧空白栏中输入"90"，如图 3-88 所示。完成后，单击【确定】按钮，结果如图 3-89 所示。

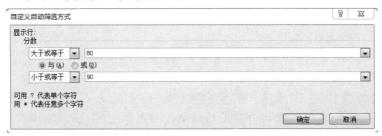

图 3-88　【自定义自动筛选方式】对话框

学号	学院	姓名	性别	年龄	籍贯	年级	成绩
2013052001	自动化	沈一丹	男	18	陕西	1	89
2011052003	市场营销	王红梅	女	20	河南	3	88
2010052005	物流	杨帆	女	21	江西	4	85
2013052006	外语	高洁飞	女	18	湖南	1	84
2012052008	网络工程	吴朔源	男	19	上海	2	90
2011052009	软件工程	黄立	男	20	湖南	3	87

图 3-89　自动筛选"成绩"结果

（3）取消自动筛选。单击【数据】选项卡【排序和筛选】组的【筛选】按钮。

步骤 4：使用高级筛选

使用高级筛选显示"性别"为"男"，"年龄"为"18"，"籍贯"为"山东"的所有记录，并将结果保存在"A44：H46"区域中。

（1）在 A14：C15 区域（与原数据清单中的数据至少间隔-·行或一列）中输入筛选条件，如图 3-90 所示。

性别	年龄	籍贯
男	18	山东

图 3-90　高级筛选条件

（2）选中数据清单任一单元格，单击【数据】选项卡【排序和筛选】组的【高级】按钮。打开【高级筛选】对话框。在【方式】中选择【将筛选结果复制到其他位置】；将光标定位在【列表区域】栏，用鼠标直接在工作表中选择数据清单；再将光标定位在【条件区域】栏，用鼠标直接在工作表中选择条件所在区域。然后将光标定位在【复制到】栏，用鼠标直接在工作表中选择 A44 单元格，即筛选结果所显示的位置，设置结果如图 3-91 所示。筛选结果如图 3-92 所示。

图 3-91　【高级筛选】对话框

学号	学院	姓名	性别	年龄	籍贯	年级	成绩
2013052004	会计	张开芳	男	18	山东	1	95

图 3-92　高级筛选结果

任务 3　分类汇总

步骤 1：打开"实验五原始文档. xlsx"文档中"任务 3"工作表

步骤 2：建立"分类汇总"

以"年级"为分类字段，对"成绩"和"年龄"按照"平均值"方式进行汇总，替换当前分类汇总，汇总结果显示在数据下方，并将分类汇总结果截图保存在"任务 3"工作表中。

（1）对分类字段进行排序（升序、降序都可以）。

（2）选中数据清单中任一单元格,单击【数据】选项卡【分级显示】组的【分类汇总】按钮,打开【分类汇总】对话框,从【分类字段】下拉列表中选择"年级",从【汇总方式】下拉列表中选择【平均值】选项,从【选定汇总项】下拉列表中选择"年龄"和"成绩",设置结果如图 3-93 所示。分类汇总结果如图 3-94 所示。

1 2 3		A	B	C	D	E	F	G	H
	1	学号	学院	姓名	性别	年龄	籍贯	年级	成绩
	2	2013052001	自动化	沈一丹	男	18	陕西	1	89
	3	2013052004	会计	张开芳	男	18	山东	1	95
	4	2013052006	外语	高洁飞	女	18	湖南	1	84
	5					18		1 平均值	89.3
	6	2012052002	计算机	刘力国	男	19	江西	2	76
	7	2012052007	电子信息	贾铭	男	19	广东	2	92
	8	2012052008	网络工程	吴翔源	男	19	上海	2	90
	9					19		2 平均值	86
	10	2011052003	市场营销	王红梅	女	20	河南	3	88
	11	2011052009	软件工程	黄立	男	20	湖南	3	87
	12					20		3 平均值	87.5
	13	2010052005	物流	杨帆	女	21	江西	4	85
	14					21		4 平均值	85
	15					19.11		总计平均值	87.3

图 3-93　【分类汇总】对话框　　　　　　图 3-94　"分类汇总"结果

步骤 3：查看不同等级的汇总结果

单击图 3-94 数据表中左上方的按钮" 1 2 3 ",显示不同等级的汇总结果,图 3-95 所示为 2 级汇总结果。

1 2 3		A	B	C	D	E	F	G	H
	1	学号	学院	姓名	性别	年龄	籍贯	年级	成绩
+	5					18		1 平均值	89.3
+	9					19		2 平均值	86
+	12					20		3 平均值	87.5
+	14					21		4 平均值	85
-	15					19.11		总计平均值	87.3

图 3-95　2 级汇总结果

步骤 4：取消分类汇总显示

打开【分类汇总】对话框,单击【全部删除】按钮即可。

任务 4　数据透视表

步骤 1：打开"实验五原始文档. xlsx"中"任务 4"工作表
步骤 2：应用透视表

使用数据透视表,查看每个地区、各个年级学生的平均成绩,并将数据透视表截图保存在 H1:K7 区域。

（1）选中数据清单中任一单元格,单击【插入】选项卡【表格】组【数据透视表】下拉菜单的【数据透视表】选项,打开【创建数据透视表】对话框。将光标定位在"选择一个表或区域"栏中,用鼠标在工作表中选中整个数据清单,在"选择放置数据透视表的位置"标记"现有工作表",并在"位置"中输入"任务 4!$ A $16",即数据透视表存放的起始位置。如图 3-96 所示。

图 3-96　【创建数据透视表】对话框

（2）完成后，单击【确定】按钮。工作表右侧出现【数据透视表字段列表】，"选择要添加到报表的字段"显示生成"数据透视表"所选区域中的所有字段。将"年级"拖动到"列标签"下，将"地区"拖动到"行标签"下，将"成绩"拖动到"数值"下，如图 3-97 所示。

图 3-97　设置【数据透视表字段列表】

（3）A16:F22 区域生成的数据透视表。但表中数据是求和结果，并非题目要求的"平均成绩"。单击数据透视表中的求和项，单击【数据透视表工具】的【选项】选项中【计算】组【按值汇总】按钮的【平均值】选项，表中数据变为相应地区、年级学生的"平均成绩"。如图 3-98 所示。

16	平均值项:成绩	列标签	▼			
17	行标签 ▼	1	2	3	4	总计
18	广东	89	92		85	88.66666667
19	湖南	84		88		86
20	山东		95	90		92.5
21	上海	76	87			81.5
22	总计	83	91.33333333	89	85	87.33333333

图 3-98　"数据透视表"效果图

步骤 3：显示透视表

显示"'广东'地区、'1'年级学生的平均成绩"的透视表，并将截图保存在 H11:J14 区域。

（1）从数据透视表【列标签】的下拉列表中选择"1"，从【行标签】的下拉列表中选择"广东"，如图 3-99 所示。

16	平均值项:成绩	列标签	↗
17	行标签 ↗	1	总计
18	广东	89	89
19	总计	89	89

图 3-99　"'广东'地区、'1'年级学生的平均成绩"的数据透视表

步骤 4：删除数据透视表

（1）单击数据透视表中任一单元格，单击【数据透视表工具】选项卡【操作】组【清除】按钮的【全部清除】选项。

（2）选中源数据透视表所占区域，执行【开始】选项卡【单元格】组【清除】按钮的【全部清除】选项。

任务5　页面设置

步骤 1：设置"页面"选项卡

单击【页面布局】选项卡的【页面设置】对话框启动器，打开【页面设置】对话框，选择【页面】选项卡，如图 3-100 所示进行设置。

图 3-100　"页面"选项卡

步骤 2：设置【页边距】选项卡

打开【页面设置】对话框，选择【页边距】选项卡，如图 3-101 所示进行设置。

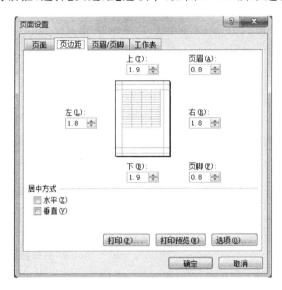

图 3-101 "页边距"选项卡

任务 6   保护工作表数据

步骤 1：保护工作簿，将密码设置为"111111"

（1）单击【文件】选项卡的【另存为】选项，在弹出的【另存为】对话框中选择左下角位置【工具】下拉菜单的【常规选项】选项，如图 3-102 所示，弹出【常规选项】对话框，如图 3-103 所示。

图 3-102 【工具】菜单

图 3-103 【常规选项】对话框

（2）分别输入打开权限密码和修改权限密码，单击【确定】按钮。

（3）在出现的确认密码对话框中重新输入密码。

（4）将文件另存为新的文件，即可完成密码的添加。

步骤 2：保护工作表，将密码设置为"111111"

（1）单击【文件】选项卡【信息】选项【保护工作簿】按钮的【保护当前工作表】选项，弹出【保护工作表】对话框，如图 3-104 所示。

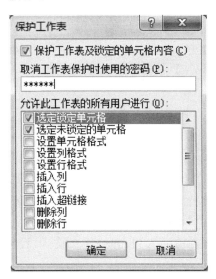

图 3-104 【保护工作表】对话框

（2）在【保护工作表】对话框中选中【保护工作表及锁定的单元格内容】后，该对话框下面的【确定】按钮变为可用状态。此时，用户可以设置【取消工作表保护时使用的密码】和选择【允许此工作表的所有用户进行】的操作。设置完成后，单击【确定】按钮，就可以完成对于工作表的保护。

（3）对于工作表进行了保护设置后，上面级联菜单中的【保护工作表】选项变成了"撤销工作表保护"，执行该选项可以撤销对工作表的保护。

步骤 3：保护单元格

保护单元格。保护工作表时，工作表中的所有单元格都处于保护状态，称为"锁定"，因此，对于单元格进行保护，实质上是对某些单元格设定或取消锁定，然后再对这个工作表进行保护。保护单元格时先使工作表处于非保护状态，然后选择要取消锁定的单元格区域，再单击

【开始】选项卡【单元格】组【格式】按钮的【设置单元格格式】选项,打开【设置单元格格式】对话框,选择【保护】选项卡进行设置即可。该对话框中有 2 个复选框,【锁定】和【隐藏】,对于这两个操作,只有在工作表被保护时,锁定单元格或隐藏公式才有效。

步骤 4:单击【保存】按钮,完成实验五

测试一 工作表格式设置

任务 1 "销售计划"实例格式设置

1. 原始文档

	A	B	C	D	E	F
1	某商场2013年销售计划					
2	地区	服装	鞋帽	电器	化妆品	合计
3	华东	750000	1440000	7860000	293800	12989800
4	华南	815000	2852000	6680000	3495000	13842000
5	华中	680000	1020000	5630000	1657700	8987700
6	华北	515000	1286000	9630000	1915500	13346500
7	总计	2760000	6598000	29800000	10008000	49166000

图 3-105 "销售计划"原始文档

2. 格式化要求

(1) 按图 3-105 所示输入表格数据。

(2) 设置工作表行、列。

① 在标题下插入一行,并设置底纹颜色:白色,背景 1(以下简称"白色")。

② 将"华北"一行移到"华中"一行之前。

③ 在表格中的"地区"一列之前插入列,并按样文输入、设置内容,将 A8:B8 区域合并后居中。

(3) 设置单元格格式。

① 标题格式。字体:黑体,字号:20,粗体,跨列居中;单元格底纹;颜色:浅绿。图案样式:6.25％灰色;字体颜色:深蓝。

② 表格中的数据单元格区域设置为会计专用格式,应用货币符号,右对齐;其他各单元格内容居中。

(4) 设置表格边框线:按样文为表格设置相应的边框格式。

(5) 定义单元格名称:将标题的名称定义为"送审"。

(6) 添加批注:为"华南"单元格添加批注"销售冠军"。

(7) 重命名工作表:将 Sheet2 工作表重命名为"销售计划"。

(8) 复制工作表:将 Sheet1 工作表复制到 Sheet3 工作表中。

(9) 格式化后的表格如图 3-106 所示。

3. 格式化后的表格

某商场2013年销售计划						
序号	地区	服装	鞋帽	电器	化妆品	合计
1	华东	¥ 750,000.00	¥ 1,440,000.00	¥ 7,860,000.00	¥ 293,800.00	¥12,989,800.00
2	华南	¥ 815,000.00	¥ 2,852,000.00	¥ 6,680,000.00	¥ 3,495,000.00	¥13,842,000.00
3	华北	¥ 515,000.00	¥ 1,286,000.00	¥ 9,630,000.00	¥ 1,915,500.00	¥13,346,500.00
4	华中	¥ 680,000.00	¥ 1,020,000.00	¥ 5,630,000.00	¥ 1,657,700.00	¥ 8,987,700.00
总计		¥ 2,760,000.00	¥ 6,598,000.00	¥29,800,000.00	¥10,008,000.00	¥49,166,000.00

图 3-106 “销售计划”格式化后的表格

任务 2 “某地区移动通信市场”实例格式设置

1. 原始表格

	A	B	C	D	E	F
1	某地区移动通信市场（单位：10亿美元）					
2	项目		2009	2010	2011	2012
3		硬件	172.4	176.3	181.6	186.4
4	手机	软件	131.3	133.8	136.8	140.0
5		服务	160.2	163.9	168.7	173.6
6	通信		1190.0	1202.7	1217.5	1235.1

图 3-107 “某地区移动通信市场”原始表格

2. 格式化要求

（1）按图 3-107 所示输入表格数据。

（2）设置工作表行、列。

① 在标题下插入一行。

② 分别合并 A3:B3，A4:A6，A7:B7 三个区域。

（3）设置单元格格式。

① 将标题中的“(单位:10 亿美元)”，移至标题下的 B2 单元格；设置格式：字体为宋体，字号 10；合并 B2:F2 单元格，内容右对齐。

② 标题格式：字体为楷体，字号 16，跨列居中。

③ 表格中的数据单元格区域设置为数值格式，保留两位小数，右对齐；其他各单元格内容居中。

（4）设置表格边框线：按样文输入相关内容，为表格设置相应的边框格式。

（5）定义单元格名称：将“手机”单元格的名称定义为“移动通信设备”。

（6）添加批注：为标题添加批注“资料来源：报刊”。

（7）重命名工作表：将 Sheet2 工作表重命名为“信息市场”。

（8）复制工作表：将 Sheet1 工作表复制到 Sheet3 工作表中。

（9）格式化后的表格如图 3-108 所示。

3. 格式化后的表格

	A	B	C	D	E	F
1			某地区移动通信市场			
2						（单位：10亿美元）
3	项目		2009	2010	2011	2012
4	手机	硬件	172.40	176.30	181.60	186.40
5		软件	131.30	133.80	136.80	140.00
6		服务	160.20	163.90	168.70	173.60
7	通信		1190.00	1202.70	1217.50	1235.10

图 3-108 "某地区移动通信市场"格式化后的表格

任务3 "十大公司市场份额"实例格式设置

1. 原始文档

	A	B	C	D	E	F
1	十大公司市场份额					
2	名次	名次（94）	公司	营收（百万美元）	增长率	市场份额
3	1	1	A	13828.000	0.37	0.089
4	2	2	B	1136.000	0.43	0.073
5	3	3	C	10185.000	0.35	0.066
6	4	5	D	9422.000	0.42	0.061
7	5	4	E	9173.000	0.27	0.059
8	6	7	F	8344.000	0.73	0.054
9	7	6	G	8000.000	0.44	0.052
10	8	8	H	5151.000	0.42	0.036
11	9	9	I	5154.000	0.37	0.033
12	10	11	J	4040.000	0.38	0.026

图 3-109 "十大公司市场份额"原始文档

2. 格式化要求

（1）按图 3-109 所示输入表格数据。

（2）设置工作表行、列：删除"名次（94）"一列，将"市场份额"一列移到"增长率"一列之前。

（3）设置单元格格式。

① 标题格式：字体为黑体，字号为 16，跨列居中；底纹为深蓝；字体颜色为黄色。

② 表头行：底纹为黄色，行高 30，居中。

③ 表格中的数据右对齐，其他各单元格内容居中；表格底纹为白色，深色－25％。

④ "市场份额"和"增长率"两列数据使用百分比格式；"营收"一列数据使用会计专用格式、保留两位小数。

（4）设置表格边框线：按样文为表格设置相应的边框格式。

（5）定义单元格名称：将"公司"单元格的名称定义为"电子行业"。

（6）添加批注：为"名次"单元格添加批注"依据上年资料统计"。

（7）重命名工作表：将 Sheet2 工作表重命名为"公司排名"。

（8）复制工作表：将 Sheet1 工作表复制到 Sheet3 工作表中。

（9）格式化后的表格如图 3-110 所示。

3. 格式化后的表格

	A	B	C	D	E
1	十大公司市场份额				
2	名次	公司	营收（百万美元）	市场份额	增长率
3	1	A	13,828.00	9%	37%
4	2	B	1,136.00	7%	43%
5	3	C	10,185.00	7%	35%
6	4	D	9,422.00	6%	42%
7	5	E	9,173.00	6%	27%
8	6	F	8,344.00	5%	73%
9	7	G	8,000.00	5%	44%
10	8	H	5,151.00	4%	42%
11	9	I	5,154.00	3%	37%
12	10	J	4,040.00	3%	38%

图 3-110　"十大公司市场份额"格式化后的表格

任务 4　"生产、出口能力比较"实例格式设置

1. 原始文档

	A	B	C	D	E
1	生产、出口能力比较				
2		生产（万美元）		出口（万美元）	
3		2011	2012	2011	2012
4	合计	38,416	45,832	30,477	36,255
5	电子元器件	20,028	24,657	17,451	21,918
6	电子产品	1,041	11,439	7,356	8,075
7	电子设备	7,978	9,736	5,670	6,262

图 3-111　"生产、出口能力比较"原始文档

2. 格式化要求

（1）按图 3-111 所示输入表格数据。

（2）设置工作表行、列。

① 调整表格列宽：第一列为 15，其他各列为 8.5。

② 将"合计"一行移至最下一行，并在其上加一空行。

（3）设置单元格格式。

① 标题格式：字体为宋体，字号 16，跨列居中；底纹为黄色。

② 表头和第一列格式：字体为仿宋，"（万美元）"字号 12，居中，底纹为浅绿。

③ 表格中的数据单元格区域设置数值格式，右对齐；底纹为黄色。

（4）设置表格边框线：按样文为表格设置相应的边框格式。

（5）定义单元格名称：将标题的名称定义为"电子产品"。

（6）添加批注：为"出口"单元格添加批注"国有企业数据"。

(7) 重命名工作表:将 Sheet2 工作表重命名为"比较表"。

(8) 复制工作表:将 Sheet1 工作表复制到 Sheet3 工作表中。

(9) 格式化后的表格如图 3-112 所示。

3. 格式化后的表格

	A	B	C	D	E
1	生产、出口能力比较				
2		生产（万美元）		出口（万美元）	
3		2011	2012	2011	2012
4	电子元器件	20,028	24,657	17,451	21,918
5	电子产品	1,041	11,439	7,356	8,075
6	电子设备	7,978	9,736	5,670	6,262
7					
8	合计	38,416	45,832	30,477	36,255

图 3-112 "生产、出口能力比较"格式化后的表格

任务 5 "某集团股票行情"实例格式设置

1. 原始文档

	A	B	C	D	E
1	某集团股票行情				
2	日期	开盘价	最高价	最低价	收盘价
3	6	15.35	16.17	15.12	15.98
4	7	15.56	15.79	15.11	15.33
5	8	15.39	16.66	15.58	16.06
6	9	15.85	16.85	15.63	16.69
7	10	16.16	16.91	15.86	16.05
8	13	16.55	16.76	16.2	16.73
9	14	16.62	16.99	16.25	17.12
10	15	16.95	17.19	16.48	16.72
11	16	16.87	17.06	16.74	16.78
12	17	16.77	16.92	16.51	16.88

图 3-113 "某集团股票行情"原始文档

2. 格式化要求

(1) 按图 3-113 所示输入表格数据。

(2) 设置工作表行、列。

① 在标题下插入一行,设置白色底纹。

② 在日期 10 和 13 之间增加一行,设置绿色底纹。

(3) 设置单元格格式

① 标题格式:字体为隶书,字号 20,粗体,跨列居中;底纹为深蓝;字体颜色为红色。

② 表格中的数据单元格区域设置为数值格式,保留两位小数,右对齐;其他各单元格内容居中。

(4) 设置表格边框线:按样文为表格设置相应的边框格式。

（5）定义单元格名称：将"17.19"单元格的名称定义为"近期高点"。

（6）添加批注：为标题添加批注"绩优股"。

（7）重命名工作表：将 Sheet2 工作表重命名为"股票行情"。

（8）复制工作表：将 Sheet1 工作表复制到 Sheet3 工作表中。

（9）格式化后的表格如图 3-114 所示。

3. 格式化后的表格

	日期	开盘价	最高价	最低价	收盘价
		某集团股票行情			
	日期	开盘价	最高价	最低价	收盘价
	6	15.35	16.17	15.12	15.98
	7	15.56	15.79	15.11	15.33
	8	15.39	16.66	15.58	16.06
	9	15.85	16.85	15.63	16.69
	10	16.16	16.91	15.86	16.05
	13	16.55	16.76	16.20	16.73
	14	16.62	16.99	16.25	17.12
	15	16.95	17.19	16.48	16.72
	16	16.87	17.06	16.74	16.78
	17	16.77	16.92	16.51	16.88

图 3-114　"某集团股票行情"格式化后的表格

任务 6　"信息技术市场预测"实例格式设置

1. 原始文档

	A	B	C	D	E	F
1		信息技术市场预测				
2			2010~2012年均增长率（%）		亚洲市场所占比例（%）	
3			全世界	亚洲	2010	2013
4		台式机	12.5	16	22.1	27.1
5		笔记本电脑	11.9	17.2	14.3	19.3
6		平板电脑	8.2	12.2	9.5	14.8
7		服务器	10.8	16.4	52.9	51.7
8		智能电视	2.4	5	31.3	36.4
9		智能手机	16.6	20	10.1	18.5
10		网络配件	9	12	7.9	10.2

图 3-115　"信息技术市场预测"原始文档

2. 格式化要求

（1）按图 3-115 所示输入表格数据。

（2）设置工作表行、列。

① 将表格左移一列，调整表格各列列宽为 11。

② 将"笔记本电脑"和"平板电脑"2 行移至"台式机"一行之前。

（3）设置单元格格式。

① 标题格式：字体为隶书，字号 18，跨列居中；底纹为黄色。

② 表头两行与第一列格式：字体为楷体，居中，底纹为浅绿。

③ 表格中的数据单元格区域设置为数值格式，保留两位小数，底纹为白色，深色－25％。

（4）设置表格边框线：按样文为表格设置相应的边框格式。

（5）定义单元格名称：将标题的名称定义为"计算机与通信设备"。

（6）添加批注：为"亚洲"单元格添加批注"据12个国家资料统计"。

（7）重命名工作表：将 Sheet2 工作表重命名为"信息技术市场预测"。

（8）复制工作表：将 Sheet1 工作表复制到 Sheet3 工作表中。

（9）格式化后的表格如图 3-116 所示。

3. 格式化后的表格

	A	B	C	D	E
1	信息技术市场预测				
2		2010~2012年均增长率（%）		亚洲市场所占比例（%）	
3		全世界	亚洲	2010	2013
4	笔记本电脑	11.90	17.20	14.30	19.30
5	平板电脑	8.20	12.20	9.50	14.80
6	台式机	12.50	16.00	22.10	27.10
7	服务器	10.80	16.40	52.90	51.70
8	智能电视	2.40	5.00	31.30	36.40
9	智能手机	16.60	20.00	10.10	18.50
10	网络配件	9.00	12.00	7.90	10.20

图 3-116 "信息技术市场预测"格式化后表格

测试二 工作表图表功能

任务 1 "销售计划"实例图表生成

源数据工作表如图 3-105 所示，使用"地区""服装"和"鞋帽"3 列的文字和数据（不含"总计"行的文字和数据）创建一个如图 3-117 所示的三维簇状柱形图。

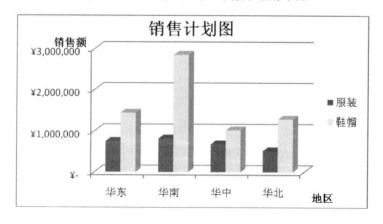

图 3-117 "服装销售"图表

任务 2　"某地区移动通信市场"实例图表生成

源数据工作表如图 3-107 所示,使用"通信"一行的数据创建一个如图 3-118 所示带数据标记的折线图。

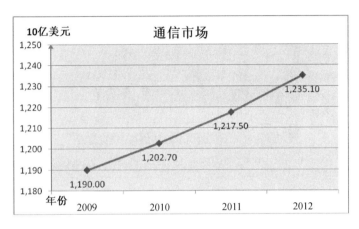

图 3-118　"通信市场"图表

任务 3　"十大公司市场份额"实例图表生成

源数据工作表如图 3-109 所示,使用"公司"和"增长率"两列数据创建一个如图 3-119 所示的圆环图。

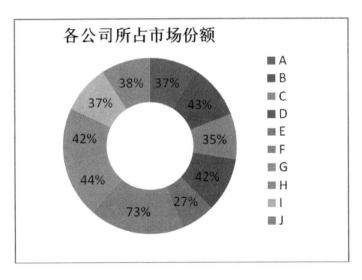

图 3-119　"各公司所占市场份额"图表

任务 4　"生产、出口能力比较"实例图表生成

源数据工作表如图 3-111 所示,使用表格中三类产品的文字和出口数据创建一个如

图 3-120 所示的三维簇状条形图。

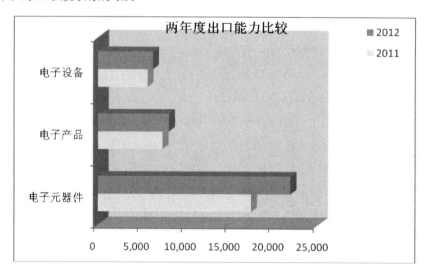

图 3-120　"两年度出口能力比较"图表

任务 5　"某集团股票行情"实例图表生成

源数据工作表如图 3-113 所示,使用日期及股票数据创建一个如图 3-121 所示的股价图(开盘-盘高-盘低-收盘图)。

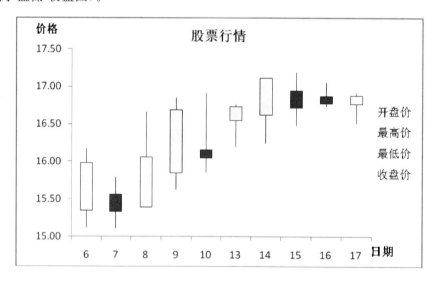

图 3-121　"股票行情"图表

任务 6　"信息技术市场预测"实例图表生成

源数据工作表如图 3-115 所示,使用表格中前三列的文字和数据创建一个如图 3-122 所示的簇状柱形图。

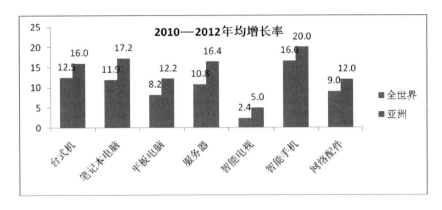

图 3-122　"1994—2000 年平均增长率"图表

测试三　函数与数据统计分析综合

任务 1　"TLVN 价格"实例操作

1. 原始数据

按图 3-123 所示输入表格数据。

	A	B	C	D	E	F	G	H	I	J
1	产品类型	一月	二月	三月	四月	求和	平均值	是否合格	排名	所占比例
2	EONY22'	1900	1800	1500	1200					
3	EONY25'	2540	2500	2500	2500					
4	EONY29'	4380	4350	4300	4200					
5	EONY34'	9000	8900	8700	8500					
6	ARIS25'	1800	1800	1800	1700					
7	ARIS26'	2500	2300	2200	2000					
8	ARIS29'	4400	4200	4100	4000					
9	ARIS34'	8500	8500	8500	8400					
10	最大值									
11	最小值									
12	统计≥2500的产品类型数									

图 3-123　"测试三-任务 1"原始数据

2. 公式应用

（1）应用"SUM"函数，求出各产品 4 个月份数据的总和，填入"求和"列相应的单元格，如图 3-124 所示。

（2）应用"ANVERAGE"函数，求出各产品 4 个月份数据的平均值，填入"平均值"列相应的单元格，如图 3-124 所示。

（3）使用"MAX"函数，求出各月份数据中最大值，填入"最大值"行相应单元格，如图 3-124 所示。

（4）使用"MIN"函数，求出各月份数据中最小值，填入"最小值"行相应单元格，如图 3-124 所示。

（5）使用"IF"函数，判断"平均值"列中各产品数据是否合格（大于等于 2 500 的为"合格"，否则"不合格"），填入"是否合格"列相应单元格，如图 3-124 所示。

（6）使用"COUNTIF"统计各月份数据中大于等于 2 500 的产品类型数，并填入"统计≥2 500 的产品类型数"行相应的单元格，如图 3-124 所示。

（7）使用"RANK"函数，计算出"求和"列各单元格中数据的名次，并在"排名"列相应单元格内输出，如图 3-124 所示。

（8）计算"一月"中各产品的数据在"总和"中所占的比例，并填入"所占比例"列相应单元格，如图 3-124 所示。

	A	B	C	D	E	F	G	H	I	J
1	产品类型	一月	二月	三月	四月	求和	平均值	是否合格	排名	所占比例
2	EONY22'	1900	1800	1500	1200	6400	1600	不合格	8	29.69%
3	EONY25'	2540	2500	2500	2500	10040	2510	合格	5	25.30%
4	EONY29'	4380	4350	4300	4200	17230	4308	合格	3	25.42%
5	EONY34'	9000	8900	8700	8500	35100	8775	合格	1	25.64%
6	ARIS25'	1800	1800	1800	1700	7100	1775	不合格	7	25.35%
7	ARIS26'	2500	2300	2200	2000	9000	2250	不合格	6	27.78%
8	ARIS29'	4400	4200	4100	4000	16700	4175	合格	4	26.35%
9	ARIS34'	8500	8500	8500	8400	33900	8475	合格	2	25.07%
10	最大值	9000	8900	8700	8500					
11	最小值	1800	1800	1500	1200					
12	统计≥2500的产品类型数	6	5	5	5					

图 3-124　"测试三-任务 1"公式计算结果

任务 2　"成绩汇总表"实例操作

1. 原始数据

新建"测试三-任务 2.xlsx"文档，并新建"排序""自动筛选"和"分类汇总"3 个工作表，如图 3-125 所示，在每张工作表中输入以下数据。

	A	B	C	D	E
1	姓名	班级	高数	英语	体育
2	吴朔源	1班	80	82	88
3	刘力国	2班	60	75	86
4	高浩飞	3班	75	85	91
5	沈一丹	1班	65	71	87
6	黄立	2班	88	66	92
7	杨帆	3班	92	73	83
8	张开芳	1班	78	82	90
9	贾铭	2班	69	90	84

图 3-125　"测试三-任务 2.xlsx"原始数据

2. 数据排序

参照图 3-126，以"体育"为关键字，将"排序"工作表中的记录以升序方式排序。

3. 数据筛选

参照图 3-127，对"自动筛选"工作表中的记录进行操作，筛选出表格中"高数"大于等于 70、"英语"小于等于 80 的各行记录。

	A	B	C	D	E
1	姓名	班级	高数	英语	体育
2	杨帆	3班	92	73	83
3	贾铭	2班	69	90	84
4	刘力国	2班	60	75	86
5	沈一丹	1班	65	71	87
6	吴朔源	1班	80	82	88
7	张开芳	1班	78	82	90
8	高浩飞	3班	75	85	91
9	黄立	2班	88	66	92

图 3-126　数据排序结果

	A	B	C	D	E
1	姓名 ▼	班级 ▼	高数 ▼	英语 ▼	体育 ▼
6	黄立	2班	88	66	92
7	杨帆	3班	92	73	83

图 3-127　数据筛选结果

4. 数据分类汇总

参照图 3-128,对"分类汇总"工作表中的记录进行操作,以"班级"为分类字段,将"高数""英语"和"体育"按"平均值"进行分类汇总。

	A	B	C	D	E
1	姓名	班级	高数	英语	体育
5		1班 平均值	74.33333	78.33333	88.33333
9		2班 平均值	72.33333	77	87.33333
12		3班 平均值	83.5	79	87
13		总计平均值	75.875	78	87.625

图 3-128　数据分类汇总结果

Excel 综合案例——企业员工工资报表

1. 案例说明

为了方便企业财会人员统计员工工资,提高工作效率,大多企业使用员工工资报表来记录与工资相关的庞大数据。使用 Excel 的计算功能可以迅速计算出所有员工的应发工资;使用 Excel 的统计功能可以对大量的数据进行分析、研究,清晰地查看不同部分或级别的平均工资等;此外,Excel 的图表功能可以直观地表示出报表中感兴趣的数据。

2. 案例目标

(1)掌握新建及保存工作簿、工作表的方法。

(2)掌握不同类型数据的输入方法。

(3)掌握工作表格式化设置的方法。

（4）掌握工作表的计算功能。

（5）掌握图表的制作及格式化的方法。

（6）掌握对工作表中数据进行分析和管理的方法。

3. 案例要求

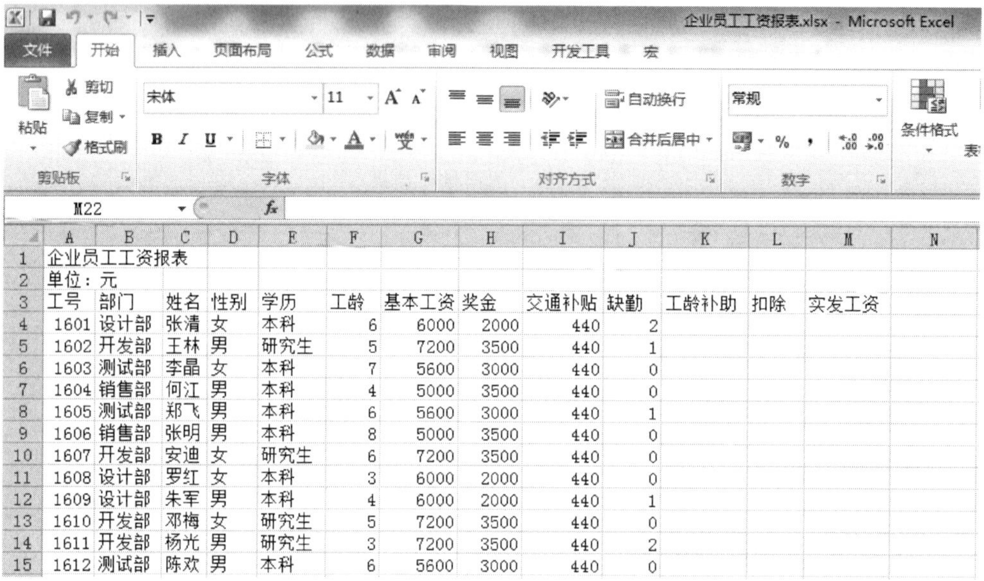

	A	B	C	D	E	F	G	H	I	J	K	L	M	N
1	企业员工工资报表													
2	单位：元													
3	工号	部门	姓名	性别	学历	工龄	基本工资	奖金	交通补贴	缺勤	工龄补助	扣除	实发工资	
4	1601	设计部	张清	女	本科	6	6000	2000	440	2				
5	1602	开发部	王林	男	研究生	5	7200	3500	440	1				
6	1603	测试部	李晶	女	本科	7	5600	3000	440	0				
7	1604	销售部	何江	男	本科	4	5000	3500	440	0				
8	1605	测试部	郑飞	男	本科	6	5600	3000	440	1				
9	1606	销售部	张明	男	本科	8	5000	3500	440	0				
10	1607	开发部	安迪	女	研究生	6	7200	3500	440	0				
11	1608	设计部	罗红	女	本科	3	6000	2000	440	0				
12	1609	设计部	朱军	男	本科	4	6000	2000	440	1				
13	1610	开发部	邓梅	女	研究生	5	7200	3500	440	0				
14	1611	开发部	杨光	男	研究生	3	7200	3500	440	2				
15	1612	测试部	陈欢	男	本科	6	5600	3000	440	0				

图 3-129 企业员工工资报表

（1）新建一个“企业员工工资报表”工作簿，并向“Sheet1”中输入如图 3-129 所示的数据。

（2）计算图中的空白单元格，其中，“工龄补助”与“工龄”相关，补助标准是 50 元/年，例如，工龄 6 年，“工龄补助”为 300；“扣除”应为缺席的天数乘以交通补贴 20 元/天，例如，缺勤两天，“扣除”为 40；“实发工资”=“基本工资”+“奖金”+“交通补贴”+“工龄补助”-“扣除”。

（3）在“实发工资”的后面增加一列“名次”，并按“实发工资”进行由大到小的排名（即实发工资最高的为第一名）。

（4）进行以下格式化设置。

① 将图表标题从 A 列到 N 列进行跨列居中，并设置标题文字：16 号，加粗。

② 将“单位：元”所在行从 A 列到 N 列进行单元格合并，并设置“单位：元”右对齐。

③ 设置列标题文字：12 号，加粗，居中，字体颜色为“深蓝，文字 2，深色 50%”，并添加“黄色”底纹。

④ 将数据表中的文字及数字设置为 12 号，居中。

⑤ 为 A3：N15 区域的数据表添加边框：外侧边框线为蓝色，双实线；内线为蓝色，单实线。

⑥ 设置列宽为 10。

（5）将“Sheet1”更名为“员工工资报表”。

（6）将“员工工资报表”的数据区（A3：N15）复制到“Sheet2”，并计算出每个部门的平均实发工资。

（7）将"员工工资报表"的数据区（A3:N15）复制到"Sheet3"，并按"实发工资"进行降序排列。

（8）创建"Sheet4"，将"员工工资报表"工作表复制到"Sheet4"，并筛选出实发工资在10 000 以上的人员信息。

（9）在"员工工资报表"中，将"基本工资"≥5 500 的设置成红色、加粗、加单下划线的字体。

（10）在"员工工资报表"中，A17 单元格增加"统计信息："文字，B17 至 B20 单元格分别增加"最高工资""最低工资""男生人数""女生人数"文字，并统计最高"实发工资"、最低"实发工资"、男生人数、女生人数，分别填写在 C17～C20 单元格。

（11）根据"姓名"和"实发工资"列生成三维柱形图，嵌入当前工作表 A22:G37 中。

第四章 PowerPoint 2010 演示文稿

实验一 PowerPoint 2010 基本操作

【实验目的】

掌握演示文稿和幻灯片的基本操作方法,掌握幻灯片中文本的编辑和格式设置,掌握幻灯片中模板的修改方法,掌握主题和幻灯片背景设置的方法,了解幻灯片母版的操作方法。

【实验要求】

按照实验步骤完成演示文稿的制作,熟悉演示文稿的文本编辑和格式设置,掌握模板和背景设置的方法。

任务 1 演示文稿的启动与退出

步骤 1:演示文稿的启动

(1) 使用开始选项卡打开。单击【开始】选项卡中的【所有程序】选择【Microsoft Office】中的【Microsoft PowerPoint 2010】,即可打开程序。

(2) 使用快捷方式打开。单击桌面上的 PowerPoint 2010 快捷方式,双击该图标也可以启动 PowerPoint 2010。

(3) 使用 PowerPoint 文档打开。利用"资源管理器"或者"我的电脑"找到要打开的 PowerPoint 文档,双击该 PowerPoint 文档图标或者右击该图标选择"打开"命令,也可以启动 PowerPoint 2010,打开该文档。

步骤 2:演示文稿的退出

单击标题栏中的"关闭"按钮或者单击【文件】选项卡选择【退出】命令,就可以退出 PowerPoint 2010 演示文稿程序。

任务 2 练习演示文稿的创建方法

步骤 1:使用"主题"创建演示文稿

单击【文件】选项卡选择【新建】选项中的【可用的模板和主题】选择【主页】中的【主题】进入主题库,在其中选择一种主题,如"暗香铺面"主题,单击【创建】按钮,如图 4-1 所示,便可以根据该主题模板创建一个新的演示文稿。

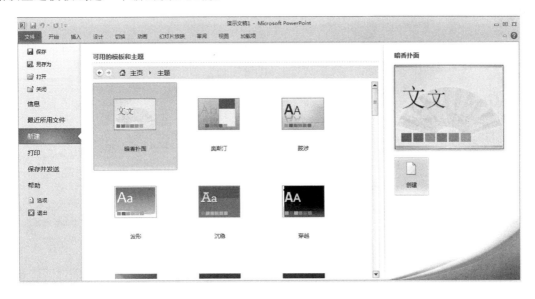

图 4-1　使用主题创建演示文稿图

步骤 2：使用"样本模板"创建演示文稿

单击【文件】选项卡中的【新建】选项选择【主页】中的【样本模板】选项，在【可用的模板和主题】下选择一种模板，如"培训"模板，然后单击【创建】按钮，便可根据该模板样式创建一个新的演示文稿，如图 4-2 所示。

图 4-2　使用样本模板创建演示文稿图

步骤 3：根据现有内容创建演示文稿

单击【文件】选项卡选择【新建】选项中的【主页】中的【根据现有内容新建】，打开"根据现有演示文稿新建"对话框，在查找范围内找到相应演示文稿文件，单击【新建】按钮，如图 4-3 所示，便可根据现有演示文稿格式新建一个演示文稿。

图 4-3　根据现有演示文稿新建

任务 3　创建演示文稿、练习文本编辑和模板设置

步骤 1：新建空白演示文稿

（1）单击【开始】选项卡选择【所有程序】中的 Microsoft PowerPoint 2010 启动程序。

（2）单击【文件】选项卡选择【新建】选项，再选择【空白演示文稿】选项中的【创建】，如图 4-4 所示，文档创建成功。

图 4-4　演示文稿的创建

（3）PowerPoint 2010 程序窗口状态栏右侧有普通视图 🔲，幻灯片浏览视图 🔡，阅读视图 🖳 和幻灯片放映视图 🖵。分别单击这几种视图，查看不同的视图状态。

（4）单击【文件】选项卡中的【保存】，在弹出的对话框中选择文件保存的位置并输入文件名：个人简历.pptx。

步骤 2：设置标题和副标题

（1）在第一张幻灯片的标题的位置输入"个人简历"，在副标题中输入：王芳。

（2）选中"个人简历"标题框，单击【开始】选项卡中的【字体】组按钮，将字体、字形、字号和字体颜色自行进行设置。选中副标题框"王芳"，单击【开始】选项卡中的【字体】组，在【字体颜色】下拉菜单中的【其他颜色】选择【自定义】，设置副标题的颜色。

步骤 3：新建幻灯片

（1）单击【开始】选项卡中【新建幻灯片】选项或者在工作区左侧的【幻灯片/大纲窗格】的【幻灯片】列表中，将光标定位到 1 张幻灯片后，右击鼠标，在弹出的选项卡中选择【新建幻灯片】，将自动新建一张"标题和内容"的幻灯片，在第二张幻灯片的标题部分输入："简历目录"，幻灯片内容部分分行输入："自我评价""学习经历""外语能力"和"计算机能力"。

（2）此时版式不符合要求，可在幻灯片空白区域右击鼠标，在弹出的快捷选项卡中选择【版式】选项中的【标题和竖排文字】，如图 4-5 所示，实现版式修改操作。

图 4-5　修改版式图

步骤 4：保存

单击【文件】选项卡中的【保存】按钮，将本次任务操作进行保存。

任务 4　演示文稿的主题和背景设置

步骤 1：打开任务 3 中保存的文档，单击【设计】选项卡中的【主题】组右侧的下拉菜单，显示【所有主题】缩略图，如图 4-6 所示，将幻灯片主题设置为"聚合"。

图 4-6　所有主题列表

步骤 2：在第一张幻灯片空白区域右击，在弹出的快捷选项卡中选择【设置背景格式】选项中的【渐变填充】，然后在【预设颜色】下拉列表中选择"雨后初晴"，类型选择："标题的阴影"，单击【关闭】按钮，即可实现对第一张幻灯片背景的修改。如图 4-7 所示。

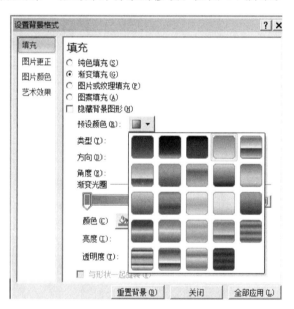

图 4-7　设置背景格式对话框

步骤 3：单击【视图】选项卡中的【母版视图】功能组选择【幻灯片母版】选项，即可切换到幻灯片视图。单击【插入】选项卡中的【文本】功能组，选择【文本框】选项中的【横排文本框】，在幻灯片母版左上角绘制文本框并输入"2015 届毕业生求职"，如图 4-8 所示。

步骤 4：单击【幻灯片母版】选项卡中的【关闭母版视图】选项即可关闭母版视图，此时该演示文稿中的每张幻灯片左上角均添加了文字"2015 届毕业生求职"。

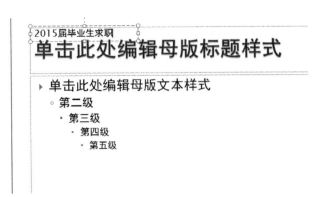

图 4-8　幻灯片母版设置图

步骤 5：单击【插入】选项卡中的【文本】功能组选择【幻灯片编号】选项，在弹出的【页眉和页脚】对话框中勾选"幻灯片编号"和"标题幻灯片中不显示"，单击【全部应用】按钮即可实现编号的添加。如图 4-9 所示。

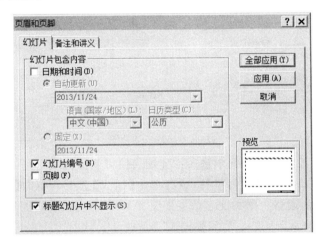

图 4-9　页眉和页脚对话框

步骤 6：单击【文件】选项卡中的【保存】按钮，将本次实验操作进行保存。

实验二　PowerPoint 2010 对象插入与格式设置

【实验目的】

掌握在幻灯片中插入表格、剪贴画和图片的方法，掌握设置图片格式的操作，熟悉艺术字的插入及格式设置，掌握超链接的建立及编辑，了解动作按钮的插入及编辑方法。

【实验要求】

按照实验步骤完成演示文稿的制作，掌握图片格式、艺术字的设置以及超链接的建立方法。

任务 1　在演示文稿中添加表格和图表对象

步骤 1：打开 PowerPoint 2010 应用程序，单击【文件】选项卡中的【新建】选项选择【主题】中的【波形】，单击【新建】按钮，就创建了一个以【波形】为主题的演示文稿。

步骤 2：选中第一张幻灯片右击，在弹出的对话框中选择【版式】中的【标题和内容】，设置好第一张幻灯片的版式。如图 4-10 所示。

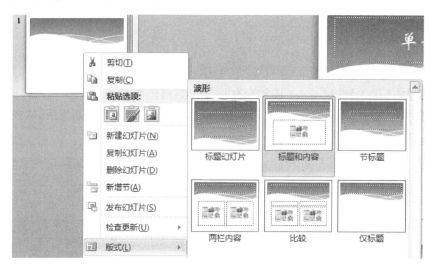

图 4-10　版式选择图

步骤 3：在幻灯片的标题文本框中输入："连锁店销售额情况表（万元）"。

步骤 4：在内容中单击"表格"占位符；或者单击【插入】选项卡中的【表格】选项，在幻灯片中创建一个 5 行 5 列的表格。添加文字信息如图 4-11 所示，在"表格工具"的【设计】选项卡的【表格样式】组中选择样式"中度样式 2，强调 1"。

连锁店销售额情况表（万元）

名称	第一季度	第二季度	第三季度	第四季度
A连锁店	26.3	28.1	35.5	63.5
B连锁店	35.6	36.0	54.5	58.4
C连锁店	46.1	45.8	64.7	67.5
总计	108.0	109.9	154.7	189.4

图 4-11　输入文本信息图

步骤 5：新建一张幻灯片，版式依然选择"标题和内容"，在标题文本框中输入："连锁店销售额情况图"。在内容中选择"图表"占位符或者单击【插入】选项卡的【图表】选项，在弹出的【插入图表】对话框中，选择【簇状柱形图】，单击【确定】按钮，弹出一个 Excel 表格"Microsoft

PowerPoint 中的图表"，打开"连锁店销售额情况表.xls"，将其中的表格内容（不包括表格标题）复制到"Microsoft PowerPoint 中的图表"的表内，如图 4-12 所示，将建立以该表格数据为依据的图表。

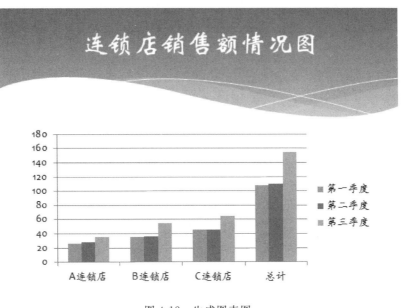

图 4-12　生成图表图

任务 2　在演示文稿中插入图片、表格和剪贴画

步骤 1：打开"淡雅花朵.pptx"，在第一张幻灯片中输入标题："我的大学生活"。选择第二张幻灯片，单击【插入】选项卡选择【图像】功能组中的【图片】选项，系统弹出【插入图片】对话框，如图 4-13 所示，选择"书本.jpg"图片，单击【插入】按钮，完成图片插入操作。图片插入后可进行图片大小调整和旋转角度的调整。

图 4-13　插入图片对话框图

步骤 2：双击插入后的图片，单击【格式】选项卡中的【图片样式】功能组，从样式列表中选择【透视阴影，白色】图片样式，如图 4-14 所示。

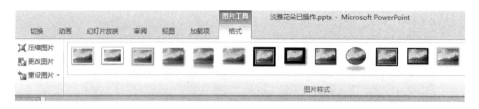

图 4-14　图片格式设置图

步骤 3：在工作区左侧的【幻灯片/大纲窗格】的【幻灯片】列表中，将光标定位在第二张幻灯片后，右击，在弹出的快捷选项卡中选择【新建幻灯片】，插入第三张幻灯片，幻灯片版式修改为"标题和内容"版式。在幻灯片标题占位符中输入"学习规划"，将光标定位到幻灯片文本区域，单击【插入】选项卡【表格】组的【表格】选项，在其下拉菜单选择【插入表格】，弹出【插入表格】对话框，输入 4 列 5 行，单击确定，完成表格插入。

在【表格工具】的【设计】选项卡中选择【表格样式】并设置表格样式为【浅色样式 1-强调 4】，如图 4-15 所示。在表格中合并单元格输入："计算机学习，外语和专业课学习，其他学习"，效果如图 4-16 所示。

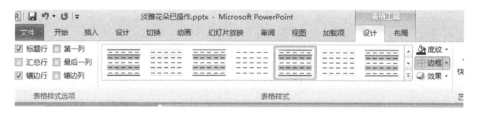

图 4-15　表格样式设置图

图 4-16　输入文本信息表格图

步骤 4：单击【插入】选项卡中的【图像】功能组选择【剪贴画】选项，显示剪贴画窗格，在【搜索文字】中输入剪贴画关键字，如"computer"，结果类型选择【所有媒体类型】，单击【搜索】按钮，将搜索出与关键字相关的剪贴画，单击所需剪贴画，即可在当前幻灯片中插入该图片。选择插入后的剪贴画可出现 9 个控制点用于调整剪贴画的大小和旋转，选择剪贴画并将其移到幻灯片右下方。效果如图 4-17 所示。

图 4-17　插入剪贴画效果图

步骤 5：单击【文件】选项卡中的【保存】按钮。

任务 3　在幻灯片中插入艺术字、动作按钮和建立超链接

步骤 1：打开任务 2 中保存的文档。

步骤 2：在第三张幻灯片后插入第四张幻灯片。

在幻灯片的空白区域右击选择【版式】选项中的【标题和内容】。在幻灯片标题占位符区域输入文字"生活规划"。在幻灯片内容区域，单击【插入】选项卡中的【文本】功能组选择【艺术字】选项，如图 4-18 所示。选择【渐变填充-水绿色，强调文字颜色 1】艺术字效果，当艺术字编辑区域显示在幻灯片中时，输入文字："开心生活每一天！"，如图 4-19 所示，完成艺术字的插入操作。

图 4-18　"艺术字"列表图

图 4-19　插入艺术字效果图

步骤 3：插入第五张幻灯片，版式为【标题和内容】，在幻灯片标题占位符区域输入"计算机学习"。在内容区域输入"1.计算机文化基础课程考试 95 分以上　2.顺利通过计算机等级考试"并设置行距为 3.0，如图 4-20 所示。

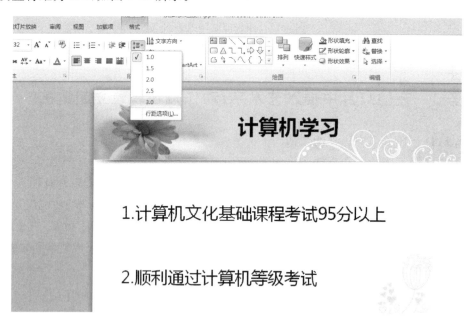

图 4-20　行距设置图

步骤 4：插入第六张幻灯片，在幻灯片标题占位符区域输入"计算机和专业课学习"，单击该幻灯片空白区域，右击，在弹出的快捷选项卡中选择【版式】的【比较】版式，在幻灯片左右两侧分别输入文字。左侧输入："外语学习，CET4，CET6"并设置文本行距 3.0，居中对齐。右侧输入："专业课学习，专业课成绩都在 90 分以上，通过专业资格认证考试"并设置文本行距 3.0，居中对齐。如图 4-21 所示。

外语学习　　　　　　　　　专业课学习

CET4　　　　　　　专业课成绩都在90分以上

CET6　　　　　　　通过专业资格认证考试

图 4-21　输入文字信息图

步骤 5：选择第五张幻灯片，按住【Ctrl】键，单击第六张幻灯片，按住鼠标不放将两张幻灯片拖放到第四张幻灯片之前松开鼠标，实现幻灯片位置的移动。

步骤 6：在第三张幻灯片中选择文字"计算机学习"，右击，在弹出的快捷选项卡中选择【超链接】选项卡。在弹出的【插入超链接】对话框中进行设置，【链接到】选择【本文档中的位置】，【请选择文档中的位置】选择"计算机学习"幻灯片，如图 4-22 所示。单击【确定】按钮，即可为第三张幻灯片文字"计算机学习"插入超链接。用同样的方法对"外语和专业课学习"文字添加超链接。

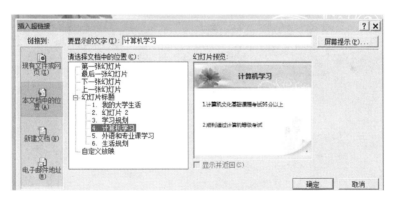

图 4-22　"插入超链接"对话框图

步骤 7：选择"计算机学习"幻灯片，单击【插入】选项卡中的【插图】功能组选择【形状】选项，在下拉菜单的【动作按钮】类中（如图 4-23 所示）单击最右侧的【自定义】动作按钮类型，当鼠标光标变为"＋"形状时，在幻灯片上适当的位置绘制动作按钮。

动作按钮绘制完毕后会自动弹出【动作设置】对话框，在【超链接到】下拉列表中选择【幻灯片…】选项，弹出【超链接到幻灯片】对话框，选择"学习规划"幻灯片，如图 4-24 所示，单击【确定】按钮。

按钮的动作设置虽已完成，但是因为该按钮是自定义类型，按钮上没有任何文字，选择该按钮，右击，在快捷选项卡中选择【编辑文字】，输入"返回"即可。

用同样的方法可以为第五张幻灯片添加返回按钮。

步骤 8：单击【开始】选项卡中的【保存】选项，将本次实验操作进行保存。

图 4-23 "形状"选项卡图

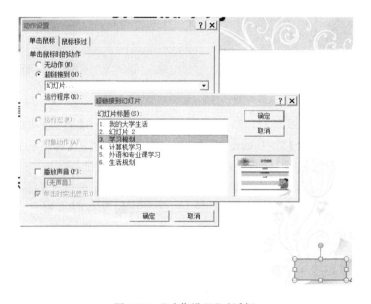

图 4-24 "动作设置"对话框

实验三　PowerPoint 2010 综合应用

【实验目的】

掌握幻灯片中插入 Flash 文件和编辑音乐文件的方法,掌握幻灯片切换的设置方法,掌握幻灯片中不同对象动画效果的添加以及动画播放次序的设置,了解将演示文稿导出为视频的基本方法。

【实验要求】

按照实验步骤完成演示文稿的制作,掌握演示文稿切换、对象动画效果的添加方法以及演示文稿中对象的综合制作。

任务 1　演示文稿中加入 Flash 动画文件

步骤 1:打开素材文件"梅花.pptx",选中第一张幻灯片右击,在弹出的列表中选择【版式】选项中的【空白】,使第一张幻灯片的版式为空白。

步骤 2:单击【文件】选项卡选择【选项】中的【自定义功能区】选项,把【开发工具】勾选上,如图 4-25 所示。

图 4-25　自定义功能区面板图

步骤 3：单击【开发工具】选项卡中的【控件】组选择【其他控件】选项，如图 4-26 所示。

图 4-26　控件组图

在弹出的【其他控件】对话框中选择【Shockwave Flash Object】，如图 4-27 所示，然后单击
【确定】按钮。用鼠标在幻灯片中拖拽出合适的区域，该区域为 Flash 动画播放区域，在该区域
右击鼠标，在弹出的对话框中选择【属性】面板，如图 4-28 所示，在属性面板的【EmbedMovie】
选项中设置值为 True，在【Movie】选项中输入文件的绝对地址，包括文件的名称和扩展名，然
后关闭属性面板，就完成了 Flash 文件的添加。

图 4-27　其他控件图

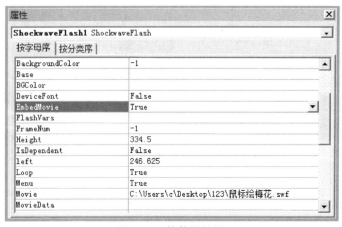

图 4-28　控件属性图

步骤 4：单击【幻灯片放映】选项卡选择【开始放映幻灯片】组中的【从当前幻灯片开始】选项，可以看到幻灯片的播放，用鼠标单击 Flash 文件枝干的位置就可以看到梅花盛开，如图 4-29 所示。

图 4-29　幻灯片播放效果图

任务 2　幻灯片母版、图形、文本框设置和图片的格式设置

步骤 1：在 PowerPoint 中创建演示文稿，将其保存为"乌镇.pptx"，选择【视图】选项卡，单击【幻灯片母版】选项，进入【幻灯片母版】视图。单击【幻灯片母版】选项下的【背景】中的【背景样式】选项的【设置背景格式】选项，在弹出的【设置背景格式】对话框中选择【填充】选项中的【图片或纹理填充】选项下的【文件…】选项，在弹出的【插入图片】对话框中选择图片"5.bmp"插入幻灯片中，如图 4-30 所示。

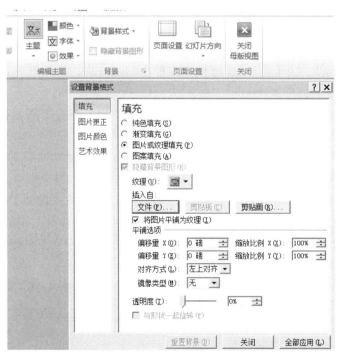

图 4-30　设置幻灯片母版背景格式图

然后单击【全部应用】，图片就应用到了幻灯片母版中。单击【关闭母版视图】，幻灯片母版背景图片设置完毕。

步骤 2：删除主标题占位符，拖动副标题占位符将其向上移动到幻灯片区域顶部，并在副标题区域输入"乌镇是江南四大名镇之一，具有六千余年文化历史。是典型的江南水乡古镇，素有'鱼米之乡，丝绸之府'之称。"字体格式：字号 18，颜色为橙色，两端对齐。

选择【开始】选项卡中的【绘图】组选择【矩形】形状，在幻灯片中间位置绘制一个和幻灯片区域等宽的矩形。选中矩形，选择【格式】选项卡【形状样式】组的【形状填充】选项，设置填充颜色为【橙色，强调文本颜色 6，单色 80％】，如图 4-31 所示。选择绘制的矩形，右击，在弹出的对话框中选择【设置形状格式】选项中的【填充】选项，选择【填充颜色】中设置透明度为 30％，在【线条颜色】选项中选择【填充颜色】选项中的【主题颜色】中的【茶色，背景 2，深色 10％】，然后单击【关闭】按钮。如图 4-32 所示。

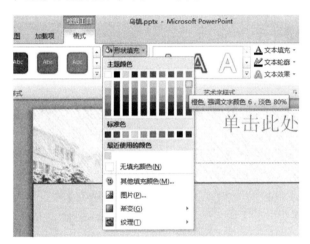

图 4-31　形状填充颜色效果图　　　　　　　图 4-32　设置形状格式图

步骤 3：在第一张幻灯片选择【插入】选项卡，单击【图片】选项，在弹出的【插入图片】对话框中选择图片"2.png"，单击【插入】按钮将图片插入幻灯片中。选中插入的图片旋转并改变大小放置到幻灯片左侧的位置。

步骤 4：选择【插入】选项卡下的【文本】组，选择【文本框】选项中的【横排文本框】选项，在幻灯片中绘制文本框，在文本框中输入"游"字并设置字体格式：字号 140，字体为新宋体，颜色为黑色。将文本框移动到图片 2.png 的上方，摆放到合适的位置。如图 4-33 所示（插入"游"字文本框之后的效果）。

步骤 5：选择【插入】选项卡，单击【图片】选项，在弹出的【插入图片】对话框中选择图片"37.bmp"，单击【插入】按钮即可。选中图片，更改图片的宽度为步骤 2 中插入的矩形的一半，高度和矩形一致，放置在矩形的右侧。选中图片，单击【格式】选项卡下的【图片效果】选项选择【柔化边缘】选项中的【50 磅】，如图 4-34 所示。

选中图片，单击【格式】选项卡下的【调整】组，选择【颜色】选项中的【重新着色】选项选择褐色，如图 4-35 所示。

图 4-33　插入文本框之后的效果图

图 4-34　图片效果设置

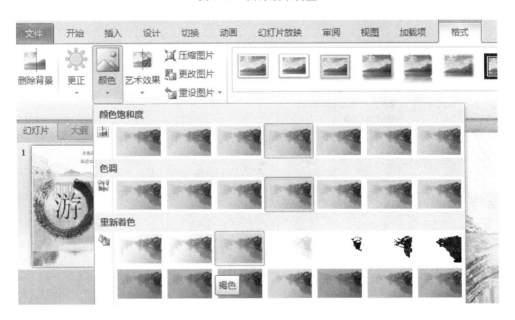

图 4-35　图片调整颜色图

步骤 6：在图片上插入文本框。选择【插入】选项卡下的【文本】组中的【文本框】选项选择【横排文本框】，插入一个横排文本框，在文本框中输入"乌"字，选中文字设置字体格式：字号88，字体颜色为黑色，字体为华文隶书，文本左对齐。同样的方法创建"镇"字横排文本框，字体格式一致。再插入竖排文本框，输入内容"【一样的古镇，不一样的乌镇】"，选中文字设置文字格式：字号18，字体颜色为黑色。文本框输入之后的效果如图4-36所示。

图 4-36　插入文本框之后的效果

步骤 7：单击【开始】选项卡选择【绘图】组中的【圆角矩形】选项，在幻灯片的右下方绘制1个圆角矩形。选中绘制的圆角矩形，右击，在弹出的快捷选项卡中选择【设置形状格式】中的【填充】选项，在【渐变填充】的【预设颜色】中选择【红木】，类型：矩形，方向：中心辐射。设置4个渐变颜色滑块的透明度都为"50％"。再选择【设置形状格式】中的【线条颜色】：实线，颜色："茶色，背景 2，深色 10％"，如图4-37所示。同样的方法再创建一个圆角矩形。

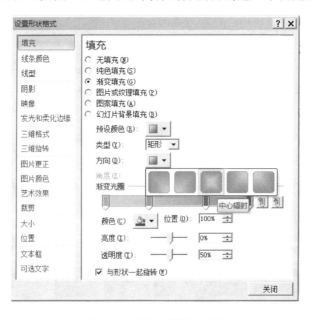

图 4-37　设置形状格式图

步骤 8：选择【插入】选项卡中【文本】组，选择【文本框】选项中的【横排文本框】选项，创建文本框并输入内容："人文"，字体格式：字体为隶书，字号 28，字体颜色为黑色，文本左对齐。并将文本框移动到第一个圆角矩形的上方。用同样的方法再创建一个文本框输入："美食"，并移动到第二个圆角矩形的上方。

步骤 9：单击【文件】选项卡中的【保存】按钮，保存演示文稿。

任务3　幻灯片切换效果和动画效果的设置

步骤 1：打开任务 2 中保存的文档，为第一张幻灯片中的各个对象设置动画效果。

步骤 2：选中"矩形"，单击【动画】选项卡中的【进入】效果选择【淡出】，如图 4-38 所示，即为矩形添加动画效果。如果在视图显示中没有找到自己想要的动画效果，可以单击【更多进入效果】进行动画效果的选择。用同样的方法可以为插入的图片 37.bmp 添加"淡出"动画效果；为插入的图片 2.png 添加"楔入"动画效果；为"游"文本框添加"翻转式由远及近"动画效果。

图 4-38　添加动画效果图

步骤 3：为"乌"和"镇"两个文本框添加动画效果。选中"乌"文本框。

单击【动画】选项卡中的【进入】效果组选择【缩放】动画效果，为"镇"添加动画效果。选中"乌"文本框，单击【动画】选项卡下的【高级动画】组中的【动画刷】选项，如图 4-39 所示。单击一次动画刷，再单击"镇"文本框，"镇"文本框就有了和"乌"文本框一样的动画效果。选中"镇"文本框，单击【动画】选项卡下的【高级动画】中的【动画窗格】，打开动画窗格，在动画窗格中选中"镇"所在的文本框号,在右侧的下拉菜单中选择【从上一项开始】,如图 4-40 所示,这样"乌"文本框和"镇"文本框的动画会同时播放。

图 4-39　动画刷图

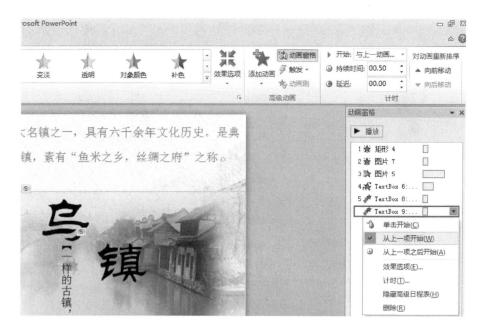

图 4-40　动画窗格图

　　步骤 4:用同样的动画添加方法为"一样的古镇,不一样的乌镇"添加"空翻"动画效果;为副标题中的文字添加"挥鞭式"动画效果;为"圆角矩形"和"人文"文本框添加"淡出"动画效果(二者动画效果同时出现);为"圆角矩形"和"美食"文本框添加"淡出"动画效果(二者动画效果同时出现);设置动画效果自动播放。在动画窗格中选择第一个动画效果,在【计时】组的【开始】选项中选择【与上一动画同时开始】,如图 4-41 所示。

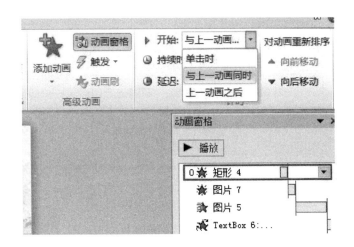

图 4-41　设置动画播放次序图

在动画窗格中选择第二个动画效果,在右侧的下拉菜单中选择【从上一项之后开始】,如图 4-42 所示,利用相同的方法设置后面动画效果的播放。设置之后所有的动画效果在放映时都是自动播放的。

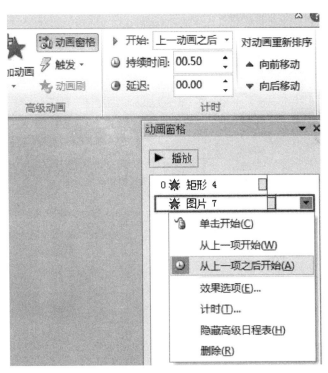

图 4-42　设置动画播放次序

步骤 5:设置幻灯片的切换效果。选中第一张幻灯片,选择【切换】选项卡中的【细微型】选项中的【随机线条】,在【效果选项】中选择"水平",设置该幻灯片的切换效果为"水平随机线条",如图 4-43 所示。在【计时】组中设置幻灯片的换片方式为:"自动设置换片时间:00:00:00"。

步骤 6:单击【文件】选项卡的【保存】按钮,把演示文稿保存。

图 4-43　设置幻灯片切换图

任务 4　综合运用

步骤 1: 打开任务 3 中保存的文档,在工作区左侧的"幻灯片/大纲窗格"中空白区域,右击,在弹出的快捷选项卡中选择【新幻灯片】来新建幻灯片。选中新幻灯片,右击,在弹出的快捷选项卡中选择【设置背景格式】中的【填充】选项下的【图片或纹理填充】中的【文件…】,选择"37. bmp"图片,单击【插入】,再单击【关闭】,如图 4-44 所示,完成背景图片的更改。选择标题框删除。

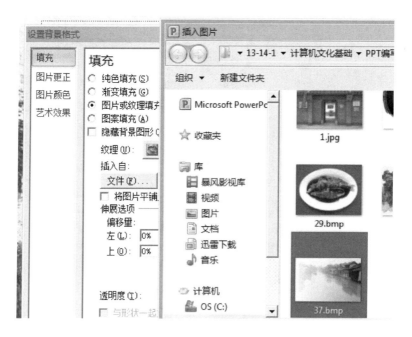

图 4-44　背景图片的更改图

步骤 2: 在【插入】选项卡下的【图片】选项中选择"2. png",单击【插入】把图片插入第二张幻灯片中,更改大小并旋转图片,把图片放到幻灯片的左上角。

单击【插入】选项卡中的【文本】组中的【文本框】,选择【横排文本框】,在文本框中输入文本:"人文",设置字体格式:字体为华文隶书,字号 72,字体颜色为深红。选中文本框移动至2. png 图片的上方。

步骤 3: 单击【插入】选项卡中的【图片】,选择"1. jpg",单击【插入】,把图片插入第二张幻灯片中并缩小和旋转图片。选中图片,单击【格式】选项卡中的【图片样式】,选择【简单框架,白色】颜色,为图片添加白色边框。同样的方法添加图片"34.bmp",并添加白色边框。

步骤4:单击【插入】选项卡中的【文本框】,选择【横排文本框】,在文本框中输入文字:

"乌镇的名人大家数不胜数。而这其中最著名的恐怕当属文学巨匠茅盾(原名沈雁冰),他是新中国成立后的第一任文化部长,其小说如《子夜》《春蚕》《林家铺子》等是"五四"以来优秀文学的典范。

中国山水诗派开创者谢灵运、齐梁文坛领袖沈约、书画大家唐宰相裴休、江西诗派三宗之一陈与义、南宋中兴四大诗人范成大、宋太祖赵匡胤的七世孙宋孝宗、唐宋八大家之父茅坤等,为后人留下了珍贵的文化遗产。

他们的名字,犹如浩瀚夜空的繁星,令人目醉神迷。正是他们,给"一样的古镇,不一样的乌镇"做了最具文化底蕴的诠释。"

选中输入的文字设置字体格式:字号18,字体颜色为深红。

步骤5:选中文本框,单击【格式】选项卡中的【编辑形状】选项,选择【更改形状】,选择【星与旗帜】选项中的【竖卷形】,选中形状,右击,在弹出的窗口中选择【设置形状格式】选项下的【填充】选项,选择【渐变填充】,设置由浅橙色到白色的渐变,设置每个色块的透明度为50%,亮度根据需要进行调整。在【设置形状格式】窗口中单击【线条颜色】,选择【实线】选项,选择【颜色:浅橙色】。设置之后的效果如图 4-45 所示。

图 4-45　设置形状之后的效果图

步骤6:单击【动画】选项卡,为第二张幻灯片中的对象添加如下动画效果:

(1) 为 2.png 图片和"人文"文本框添加"向内溶解"动画效果;

(2) 为 1.jpg 添加"螺旋飞入"动画效果;

(3) 为 34.bmp 添加"缩放"动画效果;

(4) 为"竖卷形"文本框添加"展开"动画效果;

(5) 选中文本框中的文字添加"向内溶解"动画效果。

所有的动画效果添加之后,在【动画】选项卡中选择【高级动画】下的【动画窗格】,设置动画效果在放映时为自动播放。按照第一张幻灯片设置的方法来做即可。

步骤7:选中第二张幻灯片,单击【切换】选项卡中【细微型】,选择【闪光】,在【计时】组中设置"自动设置换片时间:00:00:00"。这样在放映时幻灯片可以自动切换放映。

步骤8:在"幻灯片/大纲窗格"中空白区域右击,在弹出的快捷选项卡中选择"新幻灯片"。

选中新幻灯片,右击,在弹出的快捷选项卡中选择【设置背景格式】选项下的【填充】选项,在【图片或纹理填充】中的【文件…】选择"10.bmp",单击【插入】选中【关闭】。为第三张幻灯片改变背景图片。

在标题框中输入:"乌镇小吃"。字体格式:字号54,字体为华文琥珀,字体颜色为深红。

选中文本输入框删除。

步骤9:在【插入】选项卡中选择【图像】组中的【图片】,选择"37.bmp"单击【插入】。改变图片的高度,使其宽度和幻灯片宽度一致,并放置在幻灯片中间位置。

步骤10:在【插入】选项卡中的【图像】组的【图片】中选择"2.png",单击【插入】把图片插入第三张幻灯片中,更改大小并旋转图片,把图片放到幻灯片的左上角。

单击【插入】选项卡下的【文本】组中的【文本框】,选择【横排文本框】,在文本框中输入文本:"美食",设置字体格式:字体为华文隶书,字号72,字体颜色为深红。选中文本框移动至2.png图片的上方。

在【插入】选项卡下的【图像组】的【图片】中选择"33.bmp",单击【插入】。选中图片,单击【格式】选项卡中的【图片效果】选项中的【柔化边缘】,设置为【50磅】。

依次插入图片23.bmp,29.bmp,30.bmp,35.bmp,并改变大小摆放到适当的位置。

步骤11:在【插入】选项卡下的【文本】组的【文本框】中选择【横排文本框】,在文本框中输入文字:"白水鱼,姑嫂饼,三白酒,三珍酱鸡"。字体格式:字号18,字体颜色为深红。选中文本框,单击【格式】选项卡下的【编辑形状】选项,选择【更改形状】选项下的【基本形状】,选择【折角形】选中形状,右击,在弹出的快捷选项卡中选择【设置形状格式】选项中的【填充】,选择【渐变填充】,设置由浅橙色到白色的渐变,设置每个色块的透明度为50%,亮度根据需要进行调整。在【设置形状格式】对话框中单击【线条颜色】选项中的【实线】,选择颜色:浅橙色。所有对象添加之后放置的效果如图4-46所示。

图4-46　第三张幻灯片效果图

步骤12:在【动画】选项组下为第三张幻灯片中的对象添加动画效果:

(1) 为2.png图片和"美食"文本框添加"向内溶解"动画效果;

(2) 为标题框添加"下拉"动画效果;为37.bmp添加"淡出"动画效果;

（3）为 33.bmp 添加"展开"动画效果；为 29.bmp 添加"展开"动画效果；

（4）为 23.bmp，35.bmp，30.bmp 添加"翻转式由远及近"动画效果；

（5）为文本框形状添加"淡出"动画效果；

（6）为文字添加"升起"动画效果。

所有的动画效果添加之后，选择【动画】选项卡的【高级动画】组中的【动画窗格】，设置动画效果在放映时为自动播放。按照前面两张幻灯片设置的方法来做即可。

步骤 13：选中第三张幻灯片，单击【切换】选项卡下的【华丽型】选项，选择【涟漪】。在【计时】组中设置【自动设置换片时间：00：00：00】，实现幻灯片自动切换。

步骤 14：选择第一张幻灯片，单击【插入】选项卡的【媒体】组，选择【音频】中的【文件中的音频】，选择"古典音乐.mp3"，单击【插入】实现音频文件的添加。选中音频文件，单击【播放】选项卡进行相应设置，如图 4-47 所示。在幻灯片放映时单击就可以播放音乐。

图 4-47　音频播放设置图

步骤 15：单击【文件】选项卡中的【保存并发送】选项，选择【创建视频】，如图 4-48 所示，可以将幻灯片导出为视频格式。

图 4-48　导出视频图

步骤 16：单击【幻灯片放映】可以选择幻灯片播放的方式。

步骤 17：单击【文件】选项卡下的【保存】按钮，实现文档的保存。

测 试 一

任务 1

1. 打开"素材 1. pptx"。

2. 在第一张幻灯片的主标题中输入"PowerPoint 基础知识",字号 45、绿色、阴影;主标题的动画效果设置为"飞入",效果为"自左侧"。

3. 插入第二张幻灯片,并将版式修改为"垂直排列标题与文本"。

4. 插入第三张幻灯片,并在该幻灯片中插入任意一张图片,并将图片的艺术效果设置为"铅笔素描"。

5. 利用幻灯片母版为每页幻灯片插入文字"计算机基础知识"(自行选择合适的位置),并显示幻灯片编号。

6. 将演示文稿导出为视频。

任务 2

1. 打开"素材 2. pptx"。

2. 将第二张幻灯片版面设置为"垂直排列标题与文本";然后将这张幻灯片移动成第一张幻灯片,并将幻灯片的标题对象部分动画设置为"棋盘",效果为"跨越"。

3. 整个演示文稿的主题设置为"都市"主题。

4. 将全部幻灯片切换效果设置成垂直"随机线条"。

5. 将第一张幻灯片的背景填充纹理设置为"羊皮纸"。

6. 将第二张幻灯片背景进行渐变填充,预设颜色为"麦浪滚滚",类型为"线性",方向为"线性向下"。

7. 插入第三张幻灯片,幻灯片版式为:"标题和内容",搜索"education"相关的剪贴画,选择一张插入幻灯片中,设置图片的动画效果为"弹跳"。

8. 在第三张幻灯片中插入文本框,输入文字"显示图片";设置动画效果为单击"显示图片"文本框出现跳跃的图片。

任务 3

1. 打开"素材 3. pptx"。

2. 修改第三张幻灯片版式为"垂直排列标题与文本"。

3. 为第三张幻灯片加上标题"计算机硬件组成",设置字体字号为:隶书,48 磅。

4. 设置第一张幻灯片背景进行渐变填充,预设颜色为"薄雾浓云",类型为"线性",方向为"线性向上"。

5. 将第三张幻灯片移为整个文稿的第二张幻灯片。

6. 设置所有幻灯片的切换效果为"棋盘",效果为"自左侧"。

任务 4

1. 打开"素材 4.pptx"。

2. 插入一张空白版式幻灯片,并在幻灯片的右侧插入垂直文本框,输入文字(文字竖排)
"云漫天涯"。

3. 将输入的文字设为楷体,设置动画为"浮入",将幻灯片的主题设置为"气流"。

4. 在幻灯片中插入图片 pic4。

5. 将幻灯片的切换方式设置为"擦除",效果为"自左侧"。

任务 5

1. 打开"素材 5.pptx"。

2. 插入一张空白版式幻灯片,并在幻灯片的右下方插入横排文本框,输入文字(文字横
排)"情系艾丁湖"。

3. 将输入的文字设为黑体,设置动画为"旋转"。

4. 将幻灯片的主题设置为"跋涉"。

5. 在幻灯片中插入图片 pic5。

6. 将幻灯片的切换方式设置为"分割",效果为"中央向上下展开"。

任务 6

1. 打开"素材 6.pptx"。

2. 将幻灯片中的文字设置为 36 磅字、黑体,并设置动画为"向内溶解"。

3. 插入一张空白版式幻灯片作为第二张幻灯片。

4. 在第二张幻灯片中插入图片 pic6。

5. 将第二张幻灯片复制到第一张幻灯片的前面。

6. 将所有幻灯片的切换方式设置为"溶解"。

测 试 二

任务 1

1. 打开"素材 7.pptx"。

2. 将幻灯片的版式设置为"标题幻灯片",并输入主标题"我的班级"。

3. 将输入的标题文字设为 44 磅、加下划线,设置动画为"百叶窗",效果为"垂直"。

4. 将幻灯片的主题设置为"暗香铺面"。

5. 插入一张空白版式幻灯片作为第二张幻灯片,在此幻灯片中插入图片 pic7。

6. 将所有幻灯片的切换方式设置为"擦除",效果为"自底部"。

任务 2

1. 打开"素材 8. pptx"。

2. 插入一个空白版式幻灯片作为第二张幻灯片,并在幻灯片右侧插入垂直文本框,输入文字(文字竖排):"周渔的火车"。

3. 将输入的文字设为自定义 RGB 颜色:蓝色(红色:0,绿色:0,蓝色:255),并设置动画为"飞入",效果为"自右侧"。

4. 在第一张幻灯片中插入图片 pic8。

5. 将所有幻灯片的切换方式设置为"形状",效果为"菱形"。

任务 3

1. 打开"素材 9. pptx"。

2. 插入一张空白版式幻灯片,并在幻灯片的左下方插入横排文本框,输入文字(文字横排):"学则明,不学则愚"。

3. 将输入的文字设为加粗,设置动画为"弹跳"。

4. 将幻灯片的主题设置为"行云流水"。

5. 在幻灯片中插入影片 mov9,并设置为自动播放。

6. 将幻灯片的切换方式设置为"随机线条",效果为"垂直"。

任务 4

1. 打开"素材 10. pptx"。

2. 插入一张空白版式幻灯片作为第二张幻灯片,并在幻灯片的中间位置插入横排文本框,输入文字(文字横排):"苹果核里的桃先生"。

3. 将输入的文字设为 44 磅、阴影效果,设置动画为"随机线条",效果为"水平"。

4. 将第二张幻灯片的背景填充纹理设置为"新闻纸"。

5. 在第一张幻灯片中插入影片 mov10,要求自动播放。

6. 将所有幻灯片的切换方式设置为"擦除",效果为"从右下部"。

任务 5

1. 打开"素材 11. pptx"。

2. 将第二张幻灯片中的文字设置为仿宋,倾斜。

3. 幻灯片主题设置为"波形"。

4. 在第一张幻灯片中插入影片 mov11,要求单击时播放;设置影片的动画效果为"向内溶解"。

5. 将第二张幻灯片移动到第一张幻灯片的前面。

6. 将所有幻灯片的切换方式设置为"棋盘"。

任务 6

1. 打开"素材 12. pptx"。

2. 插入一张空白版式幻灯片,并在幻灯片的右上方插入横排文本框,输入文字(文字横排)"龙腾四海"。

3. 将输入的文字设置为 36 磅、倾斜,并设置动画为"飞入",效果为"自左上部"。

4. 将幻灯片的主题设置为"龙腾四海"。

5. 在幻灯片中插入声音文件 sound12,并设置为自动播放。

6. 将幻灯片的切换方式设置为"随机线条",效果为"水平"。

PowerPoint 综合案例——产品宣传文稿

1. 案例说明

为了让公司产品能够更为消费者了解，企业常常采用 PowerPoint 来制作产品宣传文稿，通过 PowerPoint 的动画、切换、放映、图形、音视频等的设置，可以让演示文稿更加清晰、生动、美观，从而达到更好地宣传产品的效果。

2. 案例目标

（1）掌握保存 PowerPoint 的方法。

（2）掌握设置 PowerPoint 中文本格式的方法。

（3）掌握在幻灯片中插入 SmartArt 并进行设置的方法。

（4）掌握对幻灯片中的内容进行动画设置的方法。

（5）掌握设置幻灯片切换效果的方法。

（6）掌握在幻灯片中插入音频并进行设置的方法。

（7）掌握为幻灯片中的内容添加超链接的方法。

（8）掌握为幻灯片创建节的方法。

（9）掌握设置幻灯片放映方式的方法。

3. 案例要求

在某展会的产品展示区，公司计划在大屏幕投影上向来宾自动播放并展示产品信息，因此需要市场部：

（1）打开素材文件"PowerPoint_素材.pptx"，将其另存为"PowerPoint.pptx"，之后所有的操作均在"PowerPoint.pptx"文件中进行。

（2）将演示文稿中的所有中文文字字体由"宋体"替换为"微软雅黑"。

（3）为了布局美观，将第二张幻灯片中的内容区域文字转换为"基本维恩图"SmartArt 布局，更改 SmartArt 的颜色，并设置该 SmartArt 样式为"强烈效果"。

（4）为上述 SmartArt 图形设置由幻灯片中心进行"缩放"的进入动画效果，并要求自上一动画开始之后自动、逐个展示 SmartArt 中的 3 点产品特性文字。

（5）为演示文稿中的所有幻灯片设置不同的切换效果。

（6）将素材中的声音文件"BackMusic.MID"作为该演示文稿的背景音乐，并要求在幻灯片放映时即开始播放，至演示结束后停止。

（7）为演示文稿最后一页幻灯片右下角的图形添加指向网址"www.microsoft.com"的超链接。

（8）为演示文稿创建 3 个节，其中"开始"节中包含第一张幻灯片，"更多信息"节中包含最后 1 张幻灯片，其余幻灯片均包含在"产品特性"节中。

（9）为了实现幻灯片可以在展台自动放映，设置每张幻灯片的自动放映时间为 10 秒。

第五章 计算机网络及应用

实验一 使用 Internet Explorer 浏览网页

【实验目的】

学习使用 IE 浏览器浏览网页，掌握 IE 浏览器的基本操作方法，了解浏览器属性的设置，掌握网页信息的存储，掌握使用搜索引擎检索信息的方法。

【实验要求】

按照实验步骤完成各个任务，练习使用 IE 浏览器打开和浏览网页，设置浏览器的【Internet 选项】，使用收藏夹保存常用网站，保存和下载网页中的重要信息，使用搜索引擎搜索网络资源。

任务 1 打开及浏览网页

步骤 1：启动 IE 浏览器

（1）单击任务栏的【IE 浏览器】图标 ，运行 IE 浏览器程序。

（2）在【地址】栏输入具体的网页地址，如输入新浪网的主页网址"http://www.sina.com.cn/"，如图 5-1 所示。

图 5-1 IE【地址】栏

（3）按下【Enter】键，或者单击地址栏后面的【转至】按钮 ，IE 默认会选择在当前选项卡上连接网址，获取并显示网页信息，如图 5-2 所示。

步骤 2：利用链接打开新网页

（1）单击网页上的链接，如"新闻"，可在本选项卡上打开新闻页面。

（2）若要在新的选项卡上打开"新闻"链接，可在单击该链接时按【Ctrl】键，或者右击该链接，出现如图 5-3 所示的【右键快捷菜单】，选择【在新选项卡中打开】选项。

图 5-2　页面信息

图 5-3　在新选项卡中打开链接

（3）使用新选项卡打开多个网站的多个链接，如分别在不同选项卡打开网易主页、网易新闻、搜狐首页、搜狐新闻等，此时，IE 会使用颜色对这些选项卡进行分组，同一个网站的所有链接的选项卡颜色是一致的，如图 5-4 所示。

图 5-4　IE 使用颜色分组显示同一个网站的多个网页

步骤 3：切换和关闭选项卡

（1）选项卡间的切换：单击各选项卡标签，即可激活该选项卡，显示网页内容。

（2）关闭当前选项卡：单击当前选项卡标签上的【关闭】按钮 ，即可把选项卡关闭。

（3）只保留当前选项卡：右键单击当前选项卡标签，出现如图 5-5 所示的【右键快捷菜单】，选择【关闭其他选项卡】选项，即可快速清除地址栏，关闭其他的所有选项卡，只保留当前选项卡。

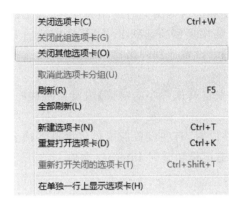

图 5-5　选项卡的【右键快捷菜单】

任务 2　设置 Internet 选项

步骤 1：打开【Internet 选项】对话框

单击【工具】菜单，选择【Internet 选项】选项，打开如图 5-6 所示的【Internet 选项】对话框。

步骤 2：设置浏览器的主页

（1）在打开的【Internet 选项】对话框中，选择【常规】选项卡，如图 5-6 所示。在【主页】组的地址栏输入一个网址，如输入新浪网的网址："http://www.sina.com.cn"。

（2）在【启动】组中选择【从主页开始】单选框，单击【确定】按钮，则 IE 在每次启动时会自动打开此网页。

步骤 3：设置选项卡属性

（1）打开【Internet 选项】对话框，如图 5-6 所示，选择【常规】选项卡。单击【选项卡】组的【选项卡】按钮，打开如图 5-7 所示的【选项卡浏览设置】对话框。

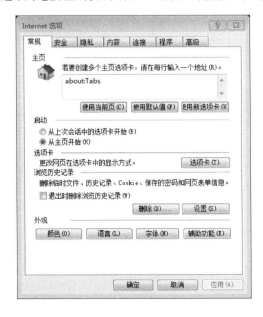

图 5-6　【Internet 选项】对话框

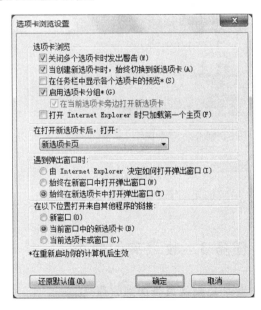

图 5-7　【选项卡浏览设置】对话框

（2）在【选项卡浏览】组设置选项卡浏览时的相关操作，勾选【关闭多个选项卡时发出警告（W）】【当创建新选项卡时，始终切换到新选项卡（A）】【启用选项卡分组＊（G）】等复选框。

（3）在【遇到弹出窗口时】组设置遇到弹出窗口时的操作，选择【始终在新选项卡中打开弹出窗口（T）】单选按钮。

（4）在【在以下位置打开来自其他程序的链接】组设置链接的打开方式，选择【当前窗口中的新选项卡（B）】单选按钮。

（5）单击【确定】按钮保存设置，有些设置需要重启浏览器或者计算机才生效。

步骤 4：删除网页浏览历史记录和临时 Internet 文件

（1）查看临时 Internet 文件

打开【Internet 选项】对话框，如图 5-6 所示，选择【常规】选项卡。单击【浏览历史记录】组的【设置】按钮，打开【网络数据设置】对话框，如图 5-8 所示，单击【查看文件】按钮，即可打开系统上的临时文件夹，浏览浏览器在查看网页时保存的网页信息。

（2）删除临时 Internet 文件和历史记录

打开【Internet 选项】对话框，如图 5-6 所示，选择【常规】选项卡。单击【浏览历史记录】组的【删除】按钮，如图 5-9 所示，打开【删除浏览的历史记录】对话框，选择要删除的数据，如勾选【临时 Internet 文件和网站文件（T）】【Cookie 和网站数据（O）】【历史记录（H）】【ActiveX 筛选数据跟踪保护数据（K）】等复选框，单击【删除】按钮执行操作。

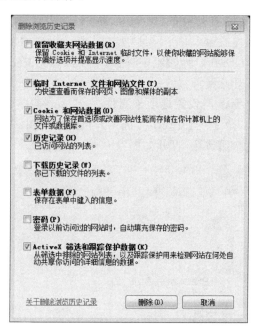

图 5-8 【网络数据设置】对话框　　　　图 5-9 【删除浏览历史记录】对话框

任务 3　收藏夹的使用

步骤 1：把网页添加到收藏夹

（1）打开要添加到收藏夹栏的页面，如新浪新闻页面：http://news.sina.com.cn，并作为当前页面。

（2）添加链接到收藏夹栏：单击收藏夹栏上的【添加到收藏夹栏】按钮 ☆，直接把当前页面添加到收藏夹栏，添加后的收藏夹栏如图 5-10 所示。

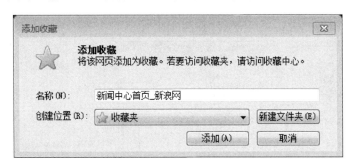

图 5-10　添加链接后的收藏夹栏

（3）添加链接到收藏夹：单击【收藏夹】菜单，选择【添加到收藏夹】选项，弹出如图 5-11 所示的【添加收藏】对话框，输入网页名称，选择创建位置，单击【添加】按钮添加链接。

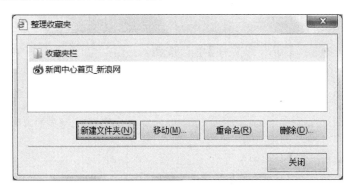

图 5-11　【添加收藏】对话框

步骤 2：管理收藏夹

（1）单击【收藏夹】菜单，选择【整理收藏夹】选项，弹出【整理收藏夹】对话框，如图 5-12 所示，显示收藏夹里当前的链接和文件夹列表。

图 5-12　【整理收藏夹】对话框

（2）单击【新建文件夹】按钮，键入新文件夹名称，如"新闻"。

（3）选中步骤 1 中添加的新浪新闻链接，单击【移动】按钮，把此链接添加到"新闻"文件夹中。

（4）可利用【删除】【重命名】按钮，删除文件夹、链接或修改其名称。

步骤 3：导出收藏夹

（1）单击 IE 浏览器右上方的【查看收藏夹、源和历史记录】按钮 ☆，则在浏览器上显示【收藏中心】浮动窗口，如图 5-13 所示。

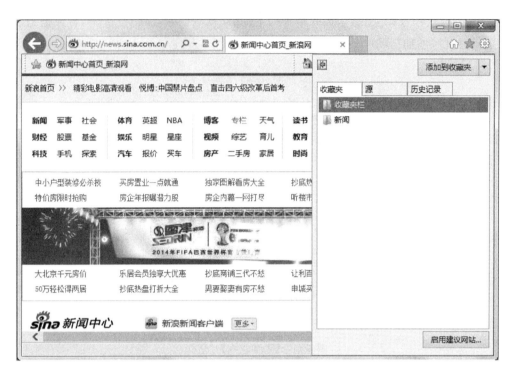

图 5-13 【收藏中心】浮动窗口

（2）单击【添加到收藏夹】按钮的下拉菜单按钮 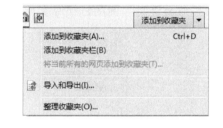，如图 5-14 所示，选择【导入和导出】菜单，弹出【导入/导出设置】对话框。

（3）按向导提示，选择【导出到文件】单选按钮，单击【下一步】按钮。

（4）按向导提示，选中【收藏夹】复选框，单击【下一步】按钮。

图 5-14 【添加到收藏夹】下拉菜单

（5）按向导提示，选择从中导出收藏夹的文件夹，如"新闻"，单击【下一步】按钮。

（6）键入文件路径，如"D:\收藏夹"，单击【导出】按钮导出收藏夹，并单击【完成】按钮结束操作。

任务 4　保存网页中的信息

步骤 1：保存网页内容

（1）打开要保存的页面内容。如在 IE 浏览器中打开华南理工大学的主页：http://www. scut. edu. cn，单击"学校概况"导航，单击"学校简介"，打开页面内容。

（2）单击【文件】菜单，选择【另存为】选项，弹出【保存网页】对话框如图 5-15 所示。

（3）在【文件库】窗格中选择并打开存放网页的目标文件夹，如 E 盘下的 txt 文件夹。

（4）在【文件名】编辑框中输入文件的名称，如"学校简介"。

（5）在【保存类型】选项框中选择文件的保存类型，如【网页，全部（＊. htm；＊. html）】，

【Web 档案,单个文件(＊mht)】,【网页,仅 HTML(＊.htm;＊.html)】或【文本文件(＊.txt)】。

图 5-15 【保存网页】对话框

(6)单击【保存】按钮,完成页面的保存操作。

步骤 2:保存网页中的图片

(1)打开图片所在的网页,如在 IE 浏览器中打开华南理工大学的主页:http://www.scut.edu.cn,单击"校园生活"导航,单击"校园风光",打开页面内容,在页面中查找"伟人英姿"图片。

(2)右击图片,打开【右键快捷菜单】,如图 5-16 所示,选择【图片另存为】选项。

图 5-16 保存图片【右键快捷菜单】

(3)打开【保存图片】对话框,在【文件库】窗格中选择并打开要存放图片的目标文件夹,如 E 盘下的 img 文件夹;在【文件名】编辑框中输入文件名称,如"伟人英姿";在【保存类型】选择框中选择图片的保存类型,如"JPEG(＊.jpg)"。单击【保存】按钮,完成操作。

步骤 3:下载网页中的文件

(1)查找并打开文件的下载链接。如在 IE 浏览器中打开腾讯软件中心的页面:http://

pc. qq. com，查找到 QQ 聊天软件，单击其"下载"链接，浏览器下方出现如图 5-17 所示的下载提示框。

图 5-17　文件下载提示框

（2）单击【保存】按钮，下载文件，完成后出现如图 5-18 所示的提示界面。

图 5-18　文件下载完成提示框

（3）单击【打开文件夹】按钮，打开并查看文件所在文件夹。

（4）单击【查看下载】按钮，或者单击【工具】菜单下的【查看下载】按钮，即可打开如图 5-19 所示的【查看下载】对话框。在窗口中列举了所有正在下载或已下载的文件信息，可以选择单击运行软件或打开文件。

图 5-19　【查看下载】窗口

任务 5　使用搜索引擎查找所需资源

步骤 1：进入百度搜索引擎界面

在 IE 浏览器【地址】栏输入网址：http：//www. baidu. com，按【Enter】键，进入百度搜索的主页面，如图 5-20 所示。

图 5-20　百度的首页

步骤 2：输入查找内容的关键字

在搜索框中输入要搜索的关键字，如"计算机等级考试"，单击【百度一下】按钮。

步骤 3：查阅搜索结果

在搜索页面中可查看搜索到的网页的链接，如图 5-21 所示，单击链接可浏览网页信息。

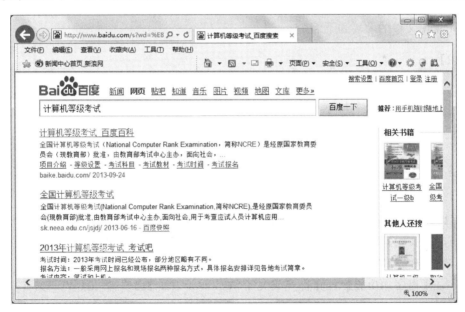

图 5-21　搜索结果

步骤 4：搜索图片内容

单击搜索框上面的【图片】超链接，转到图片搜索页面，在搜索框输入图片的关键字，如"计算机"，单击【百度一下】按钮，即可搜索到需要的图片信息，如图 5-22 所示。

选择搜索框上面的新闻、音乐、视频等连接，即可进行新闻、音乐、视频等不同内容的搜索。

图 5-22　图片搜索结果

实验二　网络上的文件传输

【实验目的】

　　了解网络上的文件传输方式，了解 Windows 7 中 FTP 服务器的配置，掌握使用文件浏览器登录 FTP，掌握 FTP 中文件的上传和下载方法。了解网络硬盘的申请方式，掌握网络硬盘的使用，并实现文件的上传和下载。

【实验要求】

　　按实验步骤完成各个任务，学习在 Windows 7 中配置 FTP 服务器，练习 FTP 的登录，实现 FTP 中文件的上传和下载。完成网络硬盘账户的申请，登录网络硬盘，实现文件的上传和下载。

任务 1　在 Windows 7 中配置 FTP 服务

步骤 1：在 Windows 7 中添加 FTP 服务器组件

　　（1）打开【开始】菜单 ，单击【控制面板】选项，打开【控制面板】窗口。

　　（2）单击【程序】选项，打开【程序】窗口。

　　（3）单击【程序和功能】组的【打开或关闭 Windows 功能】选项，弹出【Windows 功能】对话框，如图 5-23 所示。

　　（4）展开【Internet 信息服务】树形菜单，选中【FTP 服务器】复选框和【Web 管理工具】菜单下的【IIS 管理控制台】复选框，单击【确定】按钮，完成 FTP 服务器功能的添加。

步骤 2：添加 FTP 站点

　　（1）打开【控制面板】窗口，单击【系统和安全】选项，打开【系统和安全】窗口。单击【管理工具】选项，弹出【管理工具】窗口。

图 5-23 【Windows 功能】对话框

（2）双击【Internet 信息服务（IIS）管理器】快捷方式，打开【Internet 信息服务（IIS）管理器】窗口，如图 5-24 所示。

图 5-24 【Internet 信息服务（IIS）管理器】窗口

（3）单击【连接】窗格中的服务器名，展开树形菜单，右击【网站】菜单，弹出如图 5-25 所示的【右键快捷菜单】，单击【添加 FTP 站点】选项。

步骤 3：设置站点信息

在弹出的【添加 FTP 站点】对话框中，输入一串字符作为【FTP 站点名称】，选择文件放置的文件夹作为【物理路径】，单击【下一步】按钮，如图 5-26 所示。

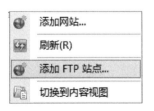

图 5-25 添加 FTP 站点【右键快捷菜单】

图 5-26　设置 FTP 站点信息

步骤 4：绑定和 SSL 设置

如图 5-27 所示，在【绑定】组的【IP 地址（A）】下拉列表中选择本计算机的 IP 地址，在【SSL】组中选中【无】单选按钮，单击【下一步】按钮。

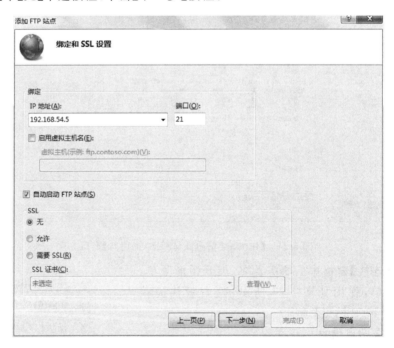

图 5-27　绑定和 SSL 设置

步骤 5：身份验证和授权设置

（1）如图 5-28 所示，【身份验证】组选中【基本】复选框，【授权】组的【允许访问】下拉列表中选择【所有用户】，【权限】组选中【读取】和【写入】复选框，单击【完成】按钮，完成 FTP 服务器的配置。

图 5-28　身份验证和授权设置

（2）FTP 服务器配置完成后，使用步骤 4 中设置的 IP 地址和 Windows 系统中设置的账户名和密码，即可登录该 FTP 站点。

任务 2　使用局域网上的 FTP 服务

步骤 1：连接 FTP 地址

（1）右击【开始】菜单 ，在弹出的【右键快捷菜单】中选择【打开 Windows 资源管理器】选项，打开【资源管理器】。

（2）在【地址】栏输入 FTP 的网址，如"ftp://10.5.1.5"（该网址是华南理工大学广州学院计算机中心提供的内部 FTP 站点），或者输入任务 1 中添加的 FTP 站点的 IP 地址，如图 5-29 所示，单击【Enter】按钮。

图 5-29　连接 FTP 地址

步骤 2：登录 FTP

在弹出的如图 5-30 所示的【登录身份】对话框中，输入 FTP 站点的用户名和密码（如果使用任务 1 添加的 FTP 站点，即输入 Windows 系统的账户名和密码），单击【登录】按钮。

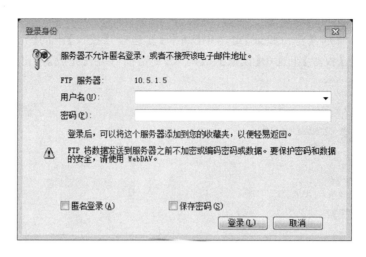

图 5-30 FTP 站点身份验证窗口

步骤 3：浏览 FTP 站点资源

登录成功后，如图 5-31 所示，即可浏览 FTP 站点上的资源。

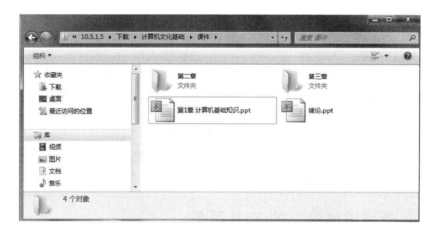

图 5-31 浏览 FTP 站点上的资源

步骤 4：下载文件到本地

（1）选中要下载的文件，单击鼠标右键，如图 5-32 所示，在弹出的【右键快捷菜单】中选择【复制到文件夹】选项，弹出【浏览文件夹】对话框。

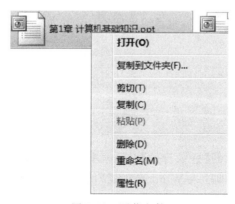

图 5-32 下载文件

（2）在【浏览文件夹】对话框中，选择文件存放位置，单击【确定】按钮，把文件复制到本地计算机中。

步骤 5：上传文件到 FTP 站点

（1）在本地计算机中选中需要上传的文件，单击鼠标右键，弹出【右键快捷菜单】，选择【复制】选项。

（2）打开 FTP 站点，选择并打开需要存放文件的目的文件夹，单击鼠标右键，弹出【右键快捷菜单】，选择【粘贴】选项，将文件上传到 FTP 站点。

任务 3 网络硬盘的申请和使用

步骤 1：申请网络硬盘

网络硬盘，又称网盘，是由网络公司推出的在线存储服务，提供文件存储、访问、共享等功能。目前，互联网上有百度云、搜狐、360 云盘等网络硬盘服务，要使用网络硬盘，必须先在相关的网站申请一个账户。例如，使用百度云网盘。

（1）访问百度云网盘首页。在浏览器中访问网址：http://pan.baidu.com，即可打开百度云网盘首页，如图 5-33 所示。

图 5-33 百度云网盘首页

（2）单击【立刻注册】按钮，进入百度账号申请页面，如图 5-34 所示，按要求输入用户名、手机号、验证码和密码，单击【注册】按钮，即可完成网盘注册。

步骤 2：登录网络硬盘

（1）在如图 5-33 所示的百度云网盘首页，输入手机号和密码，单击【登录】按钮，即可登录百度云网盘，登录后界面如图 5-35 所示。

步骤 3：上传文件

（1）单击【百度云网盘】界面上的【上传文件】按钮，即可打开文件选择窗口，如图 5-36 所示，打开需要上传的文件所在文件夹，选中要添加的文件，单击【打开】按钮，即可把文件上传到网盘中。

（2）单击如图 5-35 所示的网盘界面的【文档】分类，可查看已经上传的文档，如图 5-37 所示。

图 5-34 注册网盘

图 5-35 【百度云网盘】界面

图 5-36 文件选择窗口

图 5-37　浏览网盘上的文档

步骤 4：下载文件

（1）单击需要下载的文件所在的分类，如【文档】，查看所有已上传的文件。

（2）选中要下载的文件，出现如图 5-38 所示的选项，单击【下载】按钮。

图 5-38　下载文件

（3）浏览器下方出现如图 5-39 所示的【下载提示框】，单击【保存】按钮，按要求选择文档存放的位置，即可把文档下载到本地。

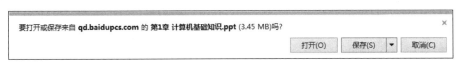

图 5-39　【下载提示框】

实验三　使用电子邮箱收发 E-mail

【实验目的】

　　了解电子邮件的使用方法，掌握申请免费电子邮箱、收发电子邮件、使用电子邮件代理软件 Microsoft Outlook 收发邮件的基本方法。

【实验要求】

　　按实验步骤完成免费电子邮箱的申请、电子邮件的发送和接收，学会 Microsoft Outlook 的配置及收发邮件的基本方法。

任务 1　申请电子邮箱和使用浏览器登录邮箱

步骤 1：访问网易 163 电子邮箱主页

运行 IE 浏览器，在【地址】栏输入"http://mail.163.com"，按【Enter】键进入网易 163 免

费电子邮箱的主页,如图 5-40 所示。

图 5-40 网易免费电子邮箱的主页

步骤 2:注册免费邮箱

单击【注册】按钮,进入邮箱的申请页面,如图 5-41 所示。

图 5-41 免费邮箱申请页面

步骤 3：填写资料

可选择使用自己定义的字符注册邮箱或使用手机号注册邮箱,如选择【注册字母邮箱】,根据页面提示,输入自定义的字符作为邮箱地址,再一次输入密码、验证码,单击【立即注册】按钮提交资料。

步骤 4：完成注册

注册成功后,系统会反馈相关信息,如图 5-42 所示,单击【开启网易邮箱之旅】按钮,即可进入网易邮箱。

图 5-42　邮箱申请成功信息

步骤 5：登录邮箱

邮箱注册成功后,在如图 5-40 所示的免费邮箱主页中输入用户名和密码,单击【登录】按钮,即可进入免费邮箱,进入后界面如图 5-43 所示。单击【收件箱】选项,即可浏览收到的所有邮件,单击【设置】选项,可对邮箱的属性进行设置。

图 5-43　登录后邮箱界面

步骤 6：发送邮件

(1) 单击页面上的【写信】按钮,打开邮件撰写界面,如图 5-44 所示。

(2) 在【收件人】框中输入收信人的邮件地址。

(3) 在【主题】框中填写邮件的主题。

(4) 添加附件：单击【添加附件】按钮,打开【选择要加载的文件】对话框,打开要发送的文件所在的文件夹,选中文件,单击【打开】按钮,把文件插入到邮件中。

(5) 在正文框中填写信件的内容。

图 5-44　邮件撰写界面

（6）邮件撰写完成后，单击【发送】按钮，完成邮件的发送。

步骤 7：接收邮件

（1）在如图 5-43 所示的电子邮箱页面，单击【收信】按钮，即可接收新邮件并打开收件箱，如图 5-45 所示。

图 5-45　邮件收取界面

（2）单击"收件人"或主题即可阅读邮件内容。

任务 2　配置并使用 Microsoft Outlook 发送接收邮件

步骤 1：打开 Microsoft Outlook 软件

打开【开始】菜单 ，单击【所有程序】菜单项，在所有程序列表中选择【Microsoft Office】文件夹，在文件夹中单击【Microsoft Outlook 2010】菜单项，打开 Outlook 软件。

步骤 2：添加新账户

（1）当第一次打开 Outlook 软件时，进入【启动向导】对话框，单击【下一步】按钮。

（2）在弹出的【账户配置】向导框中，选中【是】单选按钮，单击【下一步】按钮。

（3）在弹出的【自动账户设置】向导框中，选择【手动配置服务器设置或服务器类型（M）】单选框，单击【下一步】按钮。

（4）在弹出的【选择服务】向导框中，选择【Internet 电子邮件（I）】单选框，单击【下一步】按钮。

（5）在弹出的【Internet 电子邮件设置】向导框中，按提示填写账户信息，如图 5-46 所示。其中，若是使用 163 的邮箱，账户类型选择【POP3】选项，【接收邮件服务器（I）】输入框中填写：pop.163.com，【发送邮件服务器（SMTP）（O）】输入框中填写：smtp.163.com。单击页面中的【其他设置】按钮。

（6）在弹出的如图 5-47 所示的【Internet 电子邮件设置】对话框中，选择【发送服务器】选项卡，选中【我的发送服务器（SMTP）要求验证】复选框，选中【使用与接收邮件服务器相同的设置】单选框，单击【确定】按钮，返回如图 5-46 所示的设置界面。

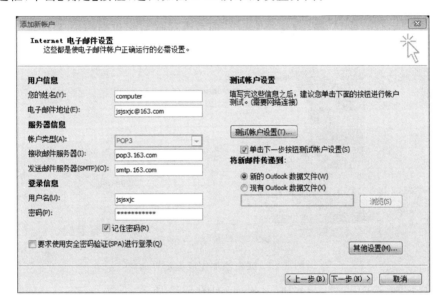

图 5-46　【Internet 电子邮件设置】对话框

图 5-47　【Internet 电子邮件设置】对话框

（7）单击【下一步】按钮，如图 5-48 所示，Outlook 会自动测试账号的设置是否正确，测试成功单击【关闭】按钮。

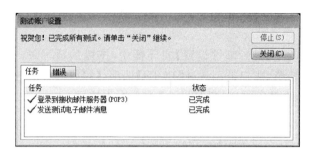

图 5-48　【测试账户设置】对话框

（8）账户添加完成后，出现如图 5-49 所示的【祝贺您】界面，单击【添加其他账户】按钮，按以上步骤添加其他邮箱账户，单击【确定】按钮，即可完成邮箱账户的添加。

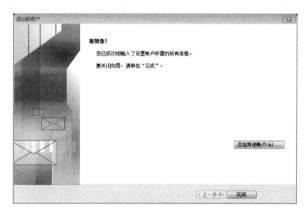

图 5-49　账户添加完成提示界面

（9）账户添加完成后，进入 Outlook 界面，如图 5-50 所示。

图 5-50　Outlook 界面

步骤 3：使用 Microsoft Outlook 发送邮件

（1）单击 Outlook 界面上【开始】选项卡【新建】组的【新建电子邮件】选项，弹出【新邮件】窗口，如图 5-51 所示。

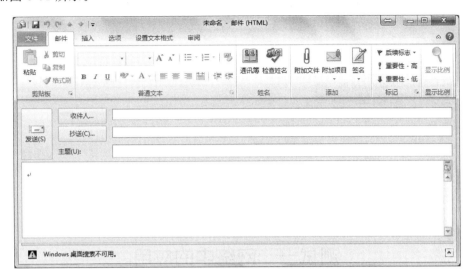

图 5-51　Outlook 的邮件撰写界面

（2）在【收件人】框中输入收信人的邮件地址，若要把邮件发给多个收件人，可在【抄送】框中输入另一个收信人的邮箱地址。

（3）在【主题】框中填写邮件的主题。

（4）添加附件：单击【邮件】选项卡【添加】组的【附加文件】选项，弹出【插入文件】对话框，打开要发送的文件所在的文件夹，选中文件，单击【插入】按钮，把文件添加到邮件中。

（5）在正文框中输入邮件的内容。

（6）邮件编辑完成后，单击撰写界面中的【发送】按钮，完成邮件的发送。

步骤 4：使用 Microsoft Outlook 接收邮件

（1）单击 Outlook【发送/接收】选项卡【发送和接收】组的【发送/接收所有文件夹】选项，弹出如图 5-52 所示的【Outlook 发送/接收进度】对话框，发送发件箱的所有邮件和接收所有的邮件。

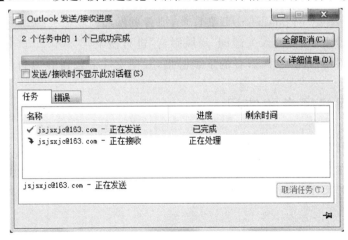

图 5-52　【Outlook 发送/接收进度】对话框

（2）单击邮箱账户的【收件箱】文件夹，即可显示所有接收到的邮件列表，单击邮件主题，即可查看邮件的内容，如图 5-53 所示。

图 5-53　Outlook 的收件箱

测试一　网络中的应用

任务 1　保存网页信息

1. 浏览 http://www.163.com 网易首页，在新的选项卡中打开"体育"链接。

2. 选择并打开一条体育新闻链接，并把网页内容以文本文件的格式保存到 D 盘自己的文件夹中，命名为"news.txt"。

3. 返回网易首页，在新选项卡中打开"图片"链接，选择下载其中几幅图片，以"JPEG(＊.jpg)"的图片格式，保存在 D 盘自己的文件夹中。

任务 2　搜索及下载网络资源

1. 进入 http://www.baidu.cn 百度首页，把首页添加到收藏夹中。

2. 进入网页搜索界面，输入关键词"暴风影音"进行搜索。

3. 在搜索结果中，选择暴风影音的下载链接，并把文件下载到 D 盘自己的文件夹中。

任务 3　网络硬盘的使用

1. 在百度云网盘中申请一个免费账户。

2. 把任务 1 保存的文件"news.txt"、图片和任务 2 下载的软件上传到网盘中。

3. 把网盘中的文件"news.txt"和图片下载到本地计算机 E 盘自己的文件夹中。

任务 4　电子邮件的发送

1. 在网易网站中申请一个免费电子邮箱。

2. 新建并发送一封邮件如下。

收件人：jsjsxjc@163.com；

抄送至：zhangda@sohu.com；

主题：体育新闻；

将任务 1 保存的文件"news.txt"作为附件粘贴到信件中。

信件正文如下：您好！这是一条重要的体育新闻。

参 考 文 献

［1］ 马乐. 计算机文化基础. 广州:华南理工大学出版社,2009.

［2］ 马乐. 计算机文化基础实训教程. 广州:华南理工大学出版社,2009.

［3］ 教育部考试中心. 全国计算机等级考试一级教程——计算机基础及 MS Office 应用 (2013 年版). 北京:高等教育出版社,2013.

［4］ 于萍. 大学计算机基础实验教程. 北京:清华大学出版社,2013.

［5］ 朱凤文,李杰,李骊. 计算机应用基础实训教程 Windows 7＋Office 2010. 天津:南开大学出版社,2013.